もくじ

学校図書版
小学校算数
2年 準拠

JN087487

教科書 上

教科書 下

教科書の内容			ページ
12 同じ　数ずつの　ものの　数え方を　考えよう	17	❶ かけ算　❷ かけ算と　ばい	35・36
	18	❸ 5のだんの　九九　❹ 2のだんの　九九	37・38
	19	❺ 3のだんの　九九　❻ 4のだんの　九九　❼ きまりを　見つけよう　❽ カードあそび	39・40
13 かけ算の　きまりを　つかって　九九を　作ろう	20	❶ 6のだんの　九九　❷ 7のだんの　九九	41・42
	21	❸ 8のだんの　九九　❹ 9のだんの　九九　❺ 1のだんの　九九　❻ どんな　計算に　なるかな	43・44
14 九九の　きまりを　見つけて　いかそう	22	❶ かけ算九九の　ひょう　❷ 九九を　こえた　かけ算　❸ かけ算九九を　つかって	45・46
15 1つ分を　数で　あらわして　考えよう	23		47・48
16 時こくや　時間を　読んで　もとめよう	24		49・50
17 数の　あらわし方や　しくみを　しらべよう	25	❶ 1000より　大きい　数の　あらわし方 ①	51・52
	26	❶ 1000より　大きい　数の　あらわし方 ②	53・54
18 長い　長さの　くらべ方や　あらわし方を　考えよう	27		55・56
19 図を　つかって　計算の　しかたを　考えよう	28		57・58
20 せいりの　しかたや　まとめ方を　考えよう	29		59・60
21 どんな　形で　できているか　しらべよう	30		61・62
22 2年の　ふくしゅうを　しよう	31～32	力だめし ①～②	63・64
答え			65～72

1　せいりの　しかたや　あらわし方を　考えよう

／100点

1 シールの　形（かたち）を　しらべます。

❶ どんな　シールが　いくつ　あるか　しらべて、下の　ひょうに　まい数（すう）を　書（か）きましょう。　1つ10〔40点（てん）〕

シールの　形しらべ

形	まる	さんかく	しかく	ほし
まい数（まい）				

❷ シールの　まい数を、○を　つかって、右の　グラフに　あらわしましょう。　〔20点〕

シールの　形しらべ

○			
○			
○			
○			
○			
まる	さんかく	しかく	ほし

❸ いちばん　多（おお）い　形は　何（なん）ですか。〔20点〕　（　　　　）

❹ いちばん　少（すく）ない　形は　何ですか。〔20点〕　（　　　　）

答えは 65ページ

教科書 ㊤12～17ページ　　月　　日

1　せいりの　しかたや　あらわし方を　考えよう

／100点

1 前(まえ)の　ページの　シールで、こんどは　色(いろ)を　しらべます。

❶ 何色(なにいろ)の　シールが　いくつ　あるか　しらべて、下の　ひょうに　まい数(すう)を　書(か)きましょう。　1つ10〔30点(てん)〕

シールの　色しらべ

色	赤色	青色	黄色(きいろ)
まい数（まい）			

❷ シールの　まい数を、○を　つかって、右の　グラフに　あらわしましょう。　〔30点〕

シールの　色しらべ

赤色	青色	黄色

❸ いちばん　多(おお)い　色は　何(なん)ですか。　〔40点〕

（　　　　　）

答えは 65ページ

きほん 2

月　　日

2 時こくや 時間を 読みとろう

❶ 時こくと 時間
❷ 1日の 時間

／100点

1 時計に ついて、□に あてはまる 数を 書きましょう。　1つ20〔60点〕

① 長い はりが 1目もり すすむ 時間は、□分間です。

② 長い はりが 1まわりする 時間は、□分間です。

③ みじかい はりが 1まわりする 時間は、□時間です。

2 つぎの 時こくを、午前、午後を つかって 書きましょう。　1つ20〔40点〕

① 朝、おきる 時こく

（　　　　　　）

② 夕ごはんを 食べはじめる 時こく

（　　　　　　）

答えは 65ページ

かくにん 2

教科書 ㊤20～26ページ　月　日

2 時こくや 時間を 読みとろう

❶ 時こくと 時間

❷ １日の 時間

／100点

1 つぎの 時間を もとめましょう。　1つ20〔60点〕

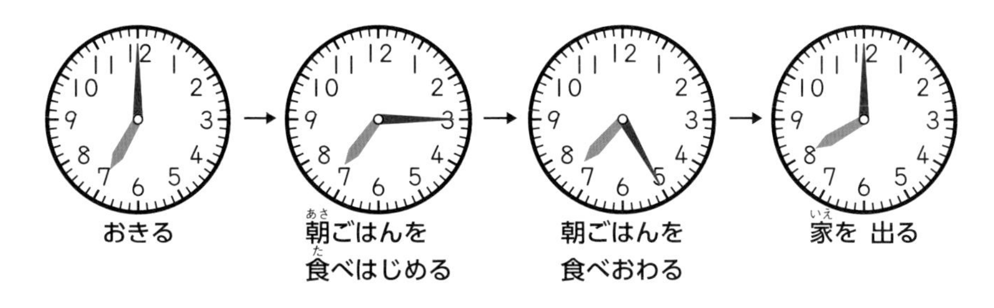

❶ おきてから 朝ごはんを 食べはじめるまでの 時間。

（　　　　）

❷ 朝ごはんを 食べはじめてから 食べおわるまでの 時間。

（　　　　）

❸ おきてから 家を 出るまでの 時間。

（　　　　）

2 □に あてはまる 数を 書きましょう。　□1つ10〔40点〕

❶ １時間＝□分間　❷ １日＝□時間

❸ 午前は □時間、午後は □時間です。

答えは 65ページ

月　日

3　くふうして　計算の　しかたを　考えよう

❶ たし算

❷ ひき算

／100点

1 わたるさんが　14こ、めぐみさんが　21こ、あめを　もっています。あめは、ぜんぶで　何こ　ありますか。

1つ25〔50点〕

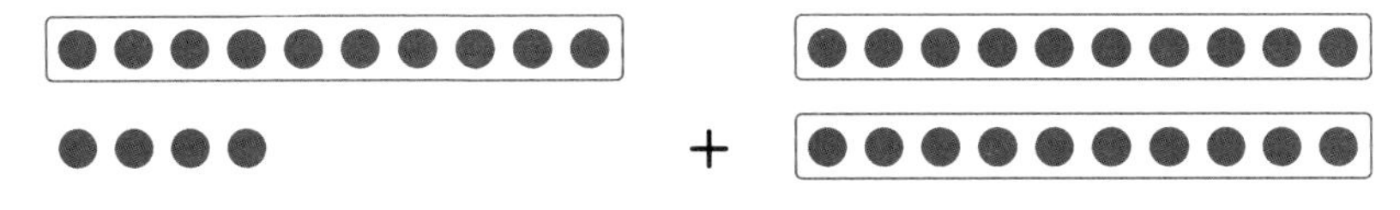

① ぜんぶの　数を　もとめる　しきを　書きましょう。

（　　　　　）

② ぜんぶで　何こ　ありますか。

（　　　　　）

2 たけるさんは　えんぴつを　28本　もっていました。そのうち、15本を　弟に　あげました。えんぴつは、何本　のこっていますか。

1つ25〔50点〕

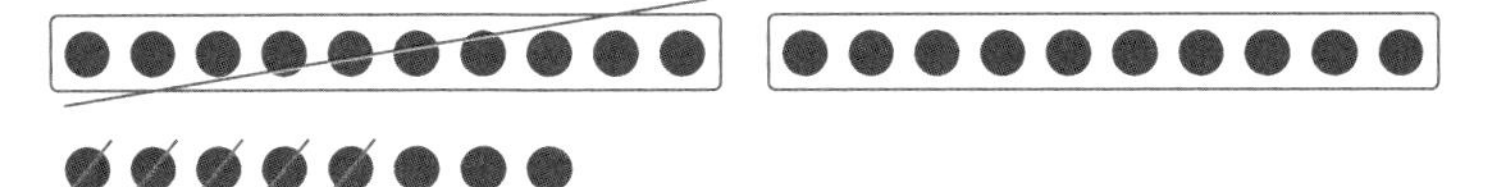

① のこった　えんぴつの　数を　もとめる　しきを　書きましょう。

（　　　　　）

② 何本　のこっていますか。

（　　　　　）

答えは
65ページ

かくにん 3

教科書 ㊤30～36ページ　　月　日

3　くふうして　計算の　しかたを　考えよう
❶ たし算
❷ ひき算

／100点

1 ゆきなさんが　27まい、かずきさんが　12まい、色紙(いろがみ)を　もっています。色紙は、ぜんぶで　何(なん)まいありますか。　1つ25〔50点(てん)〕

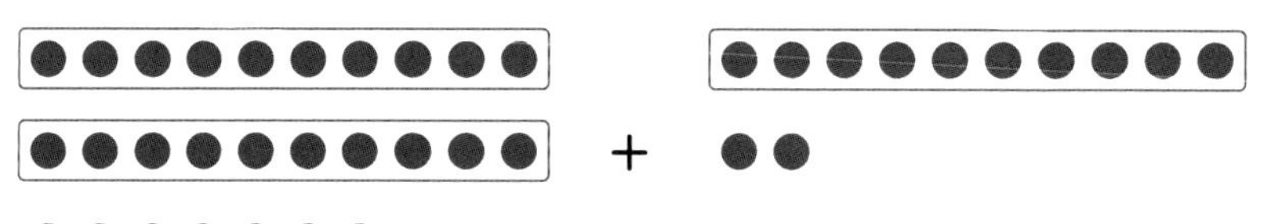

① ぜんぶの　数(かず)を　もとめる　しきを　書(か)きましょう。
（　　　　　　）

② ぜんぶで　何まい　ありますか。
（　　　　）

2 あやかさんは　おはじきを　26こ　もっていました。そのうち、11こを　妹(いもうと)に　あげました。おはじきは、何こ　のこっていますか。　1つ25〔50点〕

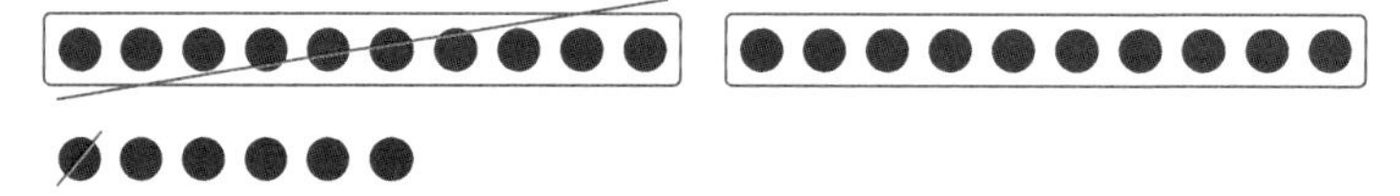

① のこった　おはじきの　数を　もとめる　しきを書きましょう。
（　　　　　　）

② 何こ　のこっていますか。
（　　　　）

答えは
65ページ

教科書 ㊤38～44ページ　　月　　日

4　たし算の　いみや　しかたを　知ろう

❶ 2けたの　たし算 ①

／100点

1 つぎの　計算（けいさん）を　しましょう。　1つ10〔30点（てん）〕

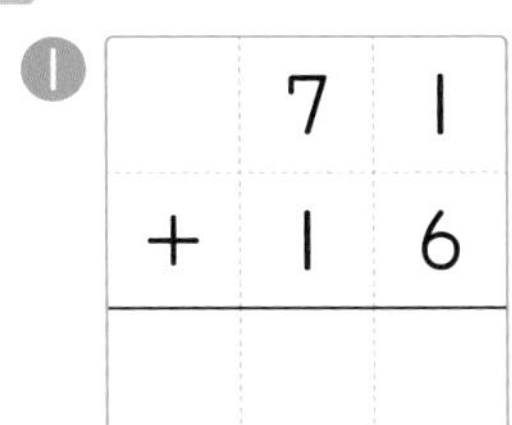

❶
$$\begin{array}{r} 71 \\ +\,16 \\ \hline \end{array}$$

❷
$$\begin{array}{r} 60 \\ +\,38 \\ \hline \end{array}$$

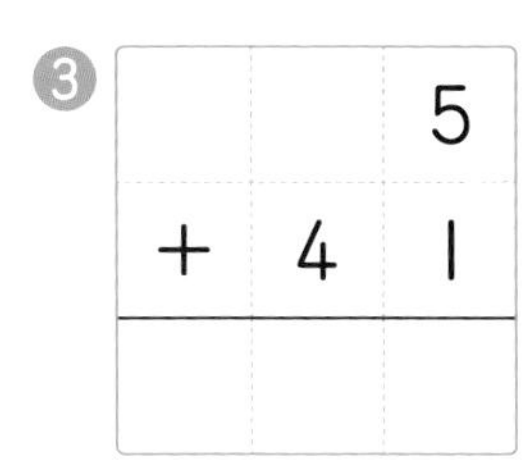

❸
$$\begin{array}{r} 5 \\ +\,41 \\ \hline \end{array}$$

2 つぎの　計算を　しましょう。　1つ10〔60点〕

❶
$$\begin{array}{r} 54 \\ +\,43 \\ \hline \end{array}$$

❷
$$\begin{array}{r} 78 \\ +\,20 \\ \hline \end{array}$$

❸
$$\begin{array}{r} 82 \\ +\,6 \\ \hline \end{array}$$

❹
$$\begin{array}{r} 25 \\ +\,17 \\ \hline \end{array}$$

❺
$$\begin{array}{r} 10 \\ +\,40 \\ \hline \end{array}$$

❻
$$\begin{array}{r} 57 \\ +\,34 \\ \hline \end{array}$$

3 赤い　色紙（いろがみ）が　16まい、青い　色紙が　22まい　あります。合（あ）わせて　何（なん）まい　ありますか。　〔10点〕

【しき】

【ひっ算】

答（こた）え（　　　　　　）

答えは
65ページ

月　日

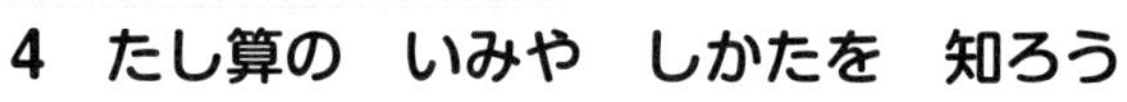

4　たし算の　いみや　しかたを　知ろう

❶ 2けたの　たし算 ①

／100点

1 つぎの　計算(けいさん)を　しましょう。　1つ8〔48点(てん)〕

❶ $\begin{array}{r} 65 \\ +\ 22 \\ \hline \end{array}$　❷ $\begin{array}{r} 10 \\ +\ 60 \\ \hline \end{array}$　❸ $\begin{array}{r} 4 \\ +\ 95 \\ \hline \end{array}$

❹ $\begin{array}{r} 32 \\ +\ 59 \\ \hline \end{array}$　❺ $\begin{array}{r} 69 \\ +\ 20 \\ \hline \end{array}$　❻ $\begin{array}{r} 73 \\ +\ \ 5 \\ \hline \end{array}$

2 つぎの　計算を　ひっ算で　しましょう。　1つ10〔40点〕

❶ 45＋53　❷ 10＋82

❸ 7＋80　❹ 35＋26

3 そうすけさんは、26円の　あめと　58円の　チョコレートを　買(か)います。合(あ)わせて　何円(なんえん)に　なりますか。　〔12点〕

【しき】　【ひっ算】

答(こた)え（　　　）

答えは 66ページ

4 たし算の　いみや　しかたを　知ろう
❶ 2けたの　たし算 ②
❷ たし算の　きまり

／100点

1 つぎの　計算を　しましょう。　1つ8〔48点〕

❶ $\begin{array}{r} 44 \\ +36 \\ \hline \end{array}$　❷ $\begin{array}{r} 49 \\ +\ \ 4 \\ \hline \end{array}$　❸ $\begin{array}{r} 75 \\ +\ \ 5 \\ \hline \end{array}$

❹ $\begin{array}{r} 18 \\ +42 \\ \hline \end{array}$　❺ $\begin{array}{r} 7 \\ +55 \\ \hline \end{array}$　❻ $\begin{array}{r} 3 \\ +67 \\ \hline \end{array}$

2 ひっ算で　しましょう。また、たされる数と　たす数を　入れかえて　計算して、答えを　たしかめましょう。

❶ 48＋35　　❷ 61＋9　　1つ10〔20点〕

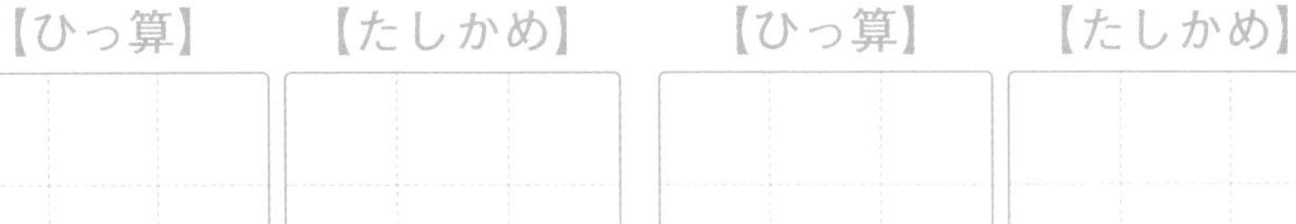

3 たす　じゅんじょを　かえて、くふうして　計算を　しましょう。　1つ8〔32点〕

❶ 47＋6＋4　　❷ 34＋15＋5

❸ 6＋8＋2　　❹ 7＋9＋21

答えは 66ページ

かくにん 5

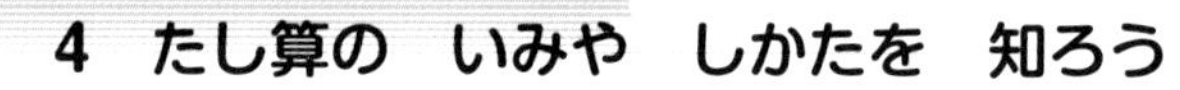

4 たし算の いみや しかたを 知ろう

❶ 2けたの たし算 ②
❷ たし算の きまり

／100点

1 つぎの 計算(けいさん)を ひっ算で しましょう。　1つ8〔48点(てん)〕

❶ 78＋12　　❷ 21＋9

❸ 84＋8　　❹ 6＋44

❺ 5＋67　　❻ 17＋63

2 クリップを れなさんは 36こ、ゆきさんは 45こ もっています。2人 合(あ)わせて 何(なん)こ もっていますか。また、たされる数(かず)と たす数を 入れかえて 計算して、答(こた)えを たしかめましょう。　〔20点〕

【しき】　【ひっ算】　【たしかめ】

答え（　　　）

3 くふうして 計算を しましょう。　1つ8〔32点〕

❶ 76＋9＋1　　❷ 47＋15＋25

❸ 28＋37＋32　　❹ 4＋15＋36

答えは 66ページ

教科書 ㊤52〜55ページ

月　　日

5　ひき算の　いみや　しかたを　知ろう

❶ 2けたの　ひき算 ①

／100点

1 つぎの　計算（けいさん）を　しましょう。　1つ10〔30点（てん）〕

❶
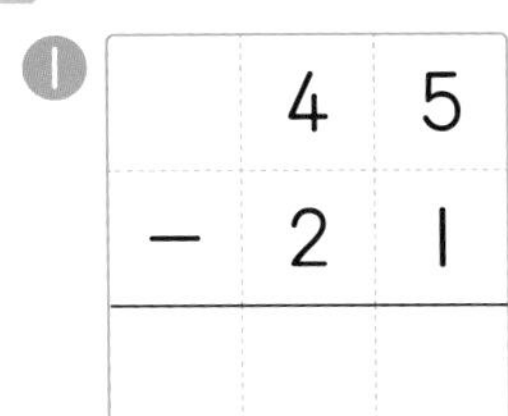

❷

	6	7
−		5

❸
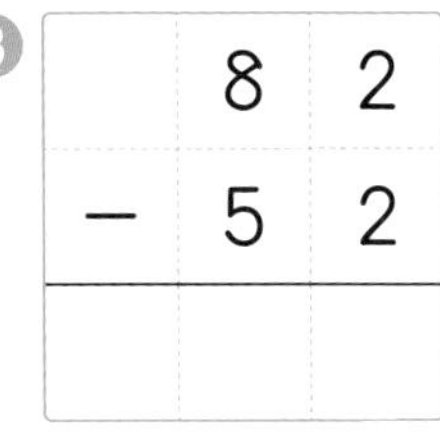

2 つぎの　計算を　しましょう。　1つ10〔60点〕

❶ $\begin{array}{r} 93 \\ -83 \\ \hline \end{array}$　❷ $\begin{array}{r} 78 \\ -35 \\ \hline \end{array}$　❸ $\begin{array}{r} 47 \\ -43 \\ \hline \end{array}$

❹ $\begin{array}{r} 62 \\ -20 \\ \hline \end{array}$　❺ $\begin{array}{r} 59 \\ -\ \ 6 \\ \hline \end{array}$　❻ $\begin{array}{r} 33 \\ -\ \ 3 \\ \hline \end{array}$

3 さくらさんは、88円　もっています。62円の　ガムを　買（か）うと、のこりは　何円（なんえん）に　なりますか。　〔10点〕

【しき】

【ひっ算】

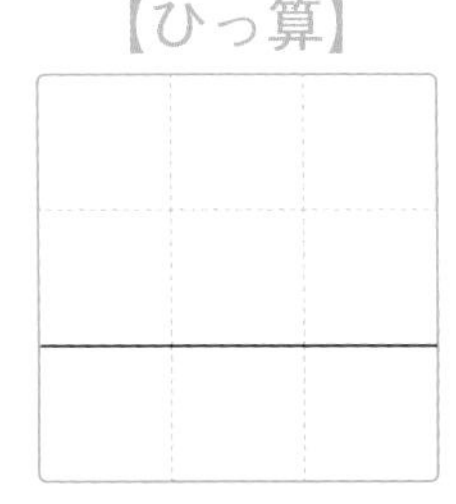

答（こた）え（　　　　　　　）

答えは
66ページ

教科書 ㊤52～55ページ　　月　日

5 ひき算の　いみや　しかたを　知ろう

❶ 2けたの　ひき算 ①

／100点

1 つぎの　計算(けいさん)を　しましょう。　1つ10〔30点(てん)〕

❶ 88－8　❷ 90－30　❸ 69－41

2 つぎの　計算を　ひっ算で　しましょう。　1つ10〔60点〕

❶ 80－40　❷ 51－30

❸ 75－31　❹ 46－42

❺ 98－4　❻ 67－7

3 南(みなみ)小学校の　2年生の　人数(にんずう)は、1組(くみ)が　26人で、2組は　24人です。1組と　2組の　人数の　ちがいは　何人(なんにん)ですか。　〔10点〕

【しき】　　【ひっ算】

答(こた)え（　　　）

答えは
66ページ

5　ひき算の　いみや　しかたを　知ろう

❶ 2けたの　ひき算 ②

❷ たし算と　ひき算の　かんけい

／100点

1 つぎの　計算を　しましょう。　1つ8〔48点〕

①
```
  8 6
－5 8
```

②
```
  5 4
－2 6
```

③
```
  7 0
－3 8
```

④
```
  6 0
－5 4
```

⑤
```
  4 0
－  6
```

⑥
```
  8 1
－  9
```

2 つぎの　計算を　ひっ算で　しましょう。　1つ8〔32点〕

① 74－37　② 43－34

③ 60－56　④ 70－3

3 つぎの　ひき算の　答えを たしかめる　たし算の　しきを 見つけて、線で　むすびましょう。1つ5〔20点〕

57－35　83－40　64－56　49－7

・　・　・　・

・　・　・　・

8＋56　22＋35　42＋7　43＋40

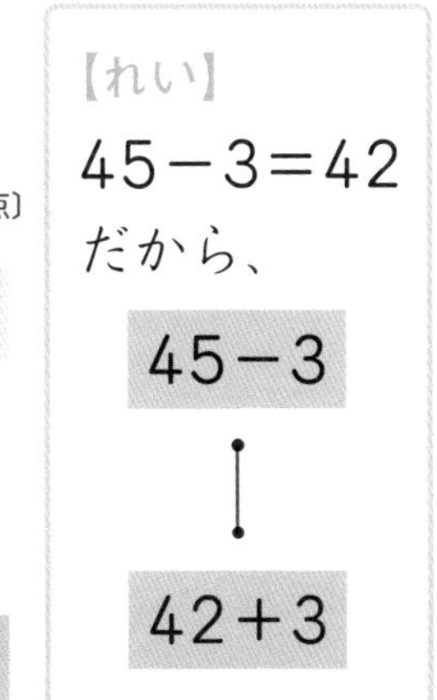

答えは
66ページ

5 ひき算の いみや しかたを 知ろう

❶ 2けたの ひき算 ②
❷ たし算と ひき算の かんけい

／100点

1 つぎの 計算を ひっ算で しましょう。また、答えの たしかめも しましょう。 1つ10〔20点〕

❶ 81－45　　❷ 90－73

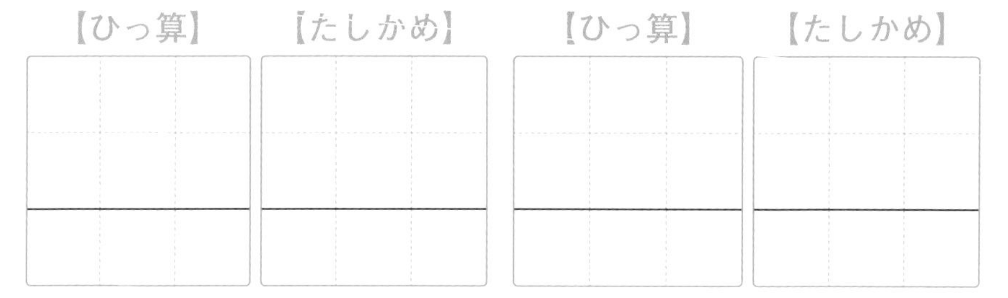

2 つぎの 計算を ひっ算で しましょう。 1つ10〔60点〕

❶ 50－16　　❷ 83－74

❸ 45－28　　❹ 22－19

❺ 61－7　　❻ 80－8

3 りょうさんは 80円 もっています。48円の えんぴつを 買うと、のこりは 何円に なりますか。〔20点〕

【しき】

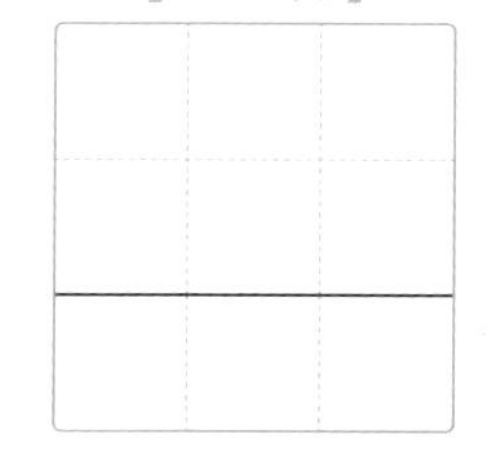

答え（　　　　）

答えは 66ページ

6 長さの くらべ方や あらわし方を 考えよう

❶ 長さの くらべ方
❷ 長さの あらわし方 ❸ 長さの 計算

／100点

1 ものさしで 長(なが)さを はかりましょう。 1つ10〔20点(てん)〕

①

②

①(　　　　) ②(　　　　)

2 左の はしから ㋐、㋑、㋒、㋓までの 長さと 同(おな)じ ①、②、③、④の 長さを、線(せん)で むすびましょう。1つ5〔20点〕

① 7cm8mm　② 7mm　③ 34mm　④ 6cm

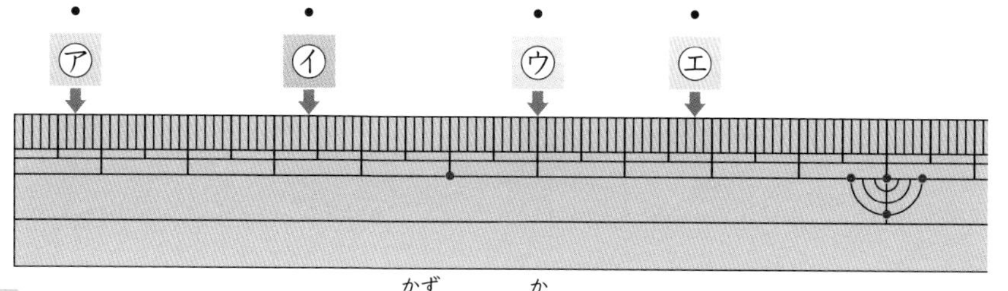

3 □に あてはまる 数(かず)を 書(か)きましょう。 1つ10〔40点〕

① 3cm＝□mm　② 2cm7mm＝□mm

③ 50mm＝□cm　④ 59mm＝□cm□mm

4 つぎの 長さの 計算(けいさん)を しましょう。 1つ10〔20点〕

① 13cm＋5cm　② 27cm－12cm

答えは 67ページ

かくにん 8

教科書 ㊤64～75ページ　　月　日　10分

6 長さの　くらべ方や　あらわし方を　考えよう

❶ 長さの　くらべ方

❷ 長さの　あらわし方　❸ 長さの　計算

／100点

1 下の　直線(ちょくせん)の　長(なが)さは　何(なん)mmですか。　1つ5〔10点(てん)〕

❶ ――――――――――　（　　）

❷ ――――――――　（　　）

2 つぎの　長さの　直線を　引(ひ)きましょう。　1つ10〔20点〕

❶ 4cm　　❷ 3cm3mm

3 つぎの　㋐、㋑では、どちらが　長いですか。　1つ10〔30点〕

❶ ㋐ 6cm7mm　㋑ 7cm2mm　（　　）

❷ ㋐ 12cm　㋑ 115mm　（　　）

❸ ㋐ 84mm　㋑ 8cm3mm　（　　）

4 □に　あてはまる　数(かず)を　書(か)きましょう。　1つ10〔40点〕

❶ 22cm8mm＋6cm＝□cm□mm

❷ 14cm3mm－9cm＝□cm□mm

❸ 5cm5mm＋3cm8mm＝□cm□mm

❹ 9cm4mm－4cm6mm＝□cm□mm

答えは 67ページ

月　日

7　図を　つかって　計算の　しかたを　考えよう

／100点

1 校ていで　あそんでいる　1年生の　人数(にんずう)は　18人、2年生の　人数は　21人です。　❶□1つ10、❷20〔50点(てん)〕

❶ □に　あてはまる　ことばや　数(かず)を　書(か)きましょう。

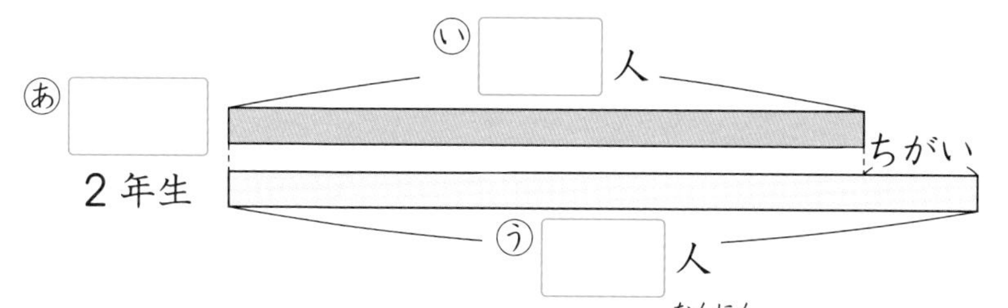

❷ 1年生と　2年生の　ちがいは　何人(なんにん)ですか。

【しき】

答(こた)え（　　　　）

2 かなさんは、おり紙(がみ)を　17まい　もっています。れんさんは、かなさんより　5まい　多(おお)いと　いっています。　❶□1つ10、❷20〔50点〕

❶ □に　あてはまる　ことばや　数を　書きましょう。

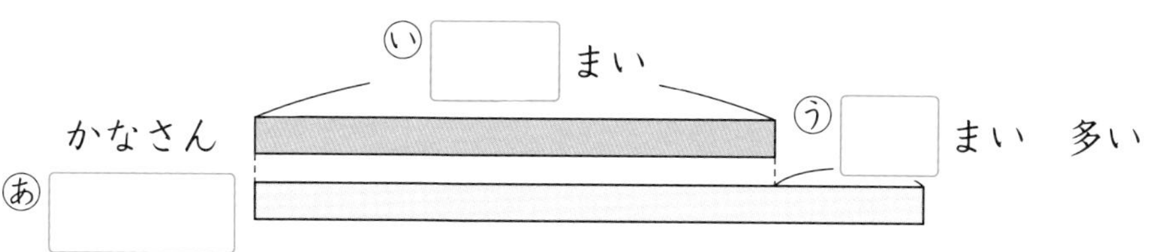

❷ れんさんは、おり紙を　何まい　もっていますか。

【しき】

答え（　　　　）

答えは
67ページ

月　日

7 図を つかって 計算の しかたを 考えよう

／100点

1 チューリップの 花が さきました。赤が 23本で、白は、赤より 7本 少ないです。 ❶□1つ5、❷20〔40点〕

❶ □に あてはまる ことばや 数を 書きましょう。

❷ 白い チューリップは、何本 さきましたか。

【しき】

答え（　　　）

2 6この あんパンを 1まいの ふくろに 1こずつ入れたら、ふくろが 15まい あまりました。

ふくろは ぜんぶで 何まい ありましたか。 〔30点〕

【しき】

答え（　　　）

3 ガムは 60円です。あめは ガムより 5円やすいです。あめは 何円ですか。 〔30点〕

【しき】

答え（　　　）

答えは 67ページ

8 数の　あらわし方や　しくみを　しらべよう

❶ 100より　大きい　数

／100点

1 つぎの　数(かず)を　数字(すうじ)で　書(か)きましょう。　1つ7〔28点(てん)〕

① 八百八 (　　　)　② 四百 (　　　)

③ 七百二十 (　　　)　④ 六百十一 (　　　)

2 □に　あてはまる　数を　書きましょう。　1つ9〔36点〕

① 716の　百のくらいの　数字は □、十のくらいの　数字は □、一のくらいの　数字は □ です。

② 280は、100を □ こと　10を □ こ　合(あ)わせた　数です。

③ 100を　3こと　1を　8こ　合わせた　数は、□ です。

④ 1000は　100を □ こ　あつめた　数です。

3 □に　あてはまる　数を　書きましょう。　□1つ6〔36点〕

①

608　㋐□　㋑□　611　612　㋒□　614　615

②

650　㋓□　750　800　㋔□　900　950　㋕□

答えは
67ページ

8 数の あらわし方や しくみを しらべよう
❶ 100より 大きい 数

／100点

1 □に あてはまる 数を 書きましょう。 1つ10〔30点〕

❶ 10を 39こ あつめた 数は、□です。

❷ 470は、10を □こ あつめた 数です。

❸ 600と 50と 9を 合わせた 数は、□です。

2 下の 数の線を 見て 答えましょう。 ❶～❸( )1つ12、❹10〔70点〕

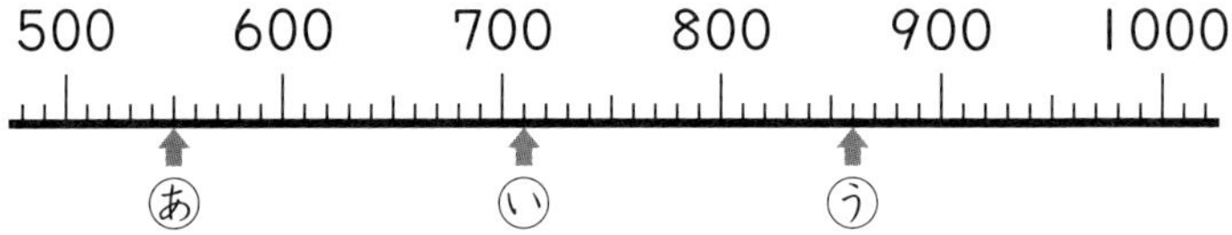

500　600　700　800　900　1000

（数の線：あ、い、う の目もり）

❶ あ、い、うの 目もりの 数を 書きましょう。

あ(　　)　い(　　)　う(　　)

❷ 800より 200 大きい 数は いくつですか。 (　　)

❸ 1000より 20 小さい 数は いくつですか。 (　　)

❹ 970を あらわす 目もりに、↑を かきましょう。

答えは 67ページ

8　数の　あらわし方や　しくみを　しらべよう

❷ 数の　大小
❸ たし算と　ひき算

／100点

1 □に　あてはまる　>か　<を　書きましょう。　1つ10〔40点〕

❶ 397 □ 405　　❷ 687 □ 678

❸ 809 □ 801　　❹ 101 □ 98

2 □に　あてはまる　数を　書きましょう。　□1つ5〔20点〕

❶ 60＋70の　計算は、10が □ ＋7と　考え、

答えは、10が　13こで □ です。

⑩⑩⑩⑩⑩⑩ ⑩⑩⑩⑩⑩⑩⑩

❷ 130−80の　計算は、10が　13− □ と　考え、

答えは、10が　5こで □ です。

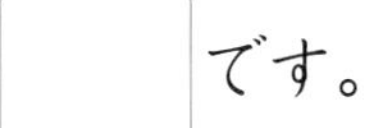

⑩⑩⑩⑩⑩ ⑩⑩⑩⑩⑩⑩⑩⑩

3 つぎの　計算を　しましょう。　1つ10〔40点〕

❶ 40＋70　　❷ 140−60

❸ 80＋80　　❹ 150−90

答えは 67ページ

8　数の　あらわし方や　しくみを　しらべよう

❷ 数の　大小

❸ たし算と　ひき算

／100点

1 □に　あてはまる　＞か　＜を　書きましょう。　1つ10〔40点〕

❶ 546 □ 465　　❷ 729 □ 784

❸ 656 □ 651　　❹ 99 □ 103

2 つぎの　計算を　しましょう。　1つ10〔40点〕

❶ 80＋30　　❷ 110－50

❸ 90＋40　　❹ 160－70

3 やまとさんは　60円の　けしゴムと　90円の　えんぴつを　買いました。合わせて　何円でしたか。〔10点〕

【しき】

答え（　　　　）

4 色紙が　140まい　あります。70まい　つかうと、のこりは　何まいに　なりますか。〔10点〕

【しき】

答え（　　　　）

答えは 67ページ

教科書 ㊤100〜106ページ　　月　　日

9 計算の いみや しかたを 学ぼう

❶ 答えが 3けたに なる たし算
❷ 3けたの たし算

／100点

1 つぎの 計算(けいさん)を しましょう。　1つ7〔42点(てん)〕

① 53＋76　② 29＋90　③ 64＋72

④ 30＋80　⑤ 98＋7　⑥ 89＋48

2 つぎの 計算を しましょう。　1つ7〔42点〕

① 35＋68　② 500＋300　③ 864＋35

④ 409＋56　⑤ 343＋8　⑥ 921＋9

3 つぎの 計算を しましょう。　1つ8〔16点〕

① 48＋52　② 300＋700

答えは
68ページ

かくにん 12

教科書 ㊤100～106ページ　月　日

9 計算の いみや しかたを 学ぼう

❶ 答えが 3けたに なる たし算
❷ 3けたの たし算

／100点

1 つぎの 計算(けいさん)を しましょう。　1つ7〔42点(てん)〕

①
```
  42
+ 93
```

②
```
  98
+ 22
```

③
```
  99
+  1
```

④
```
  200
+ 400
```

⑤
```
  736
+  41
```

⑥
```
  303
+   7
```

2 つぎの 計算を しましょう。　1つ8〔48点〕

① 53＋89　② 64＋36

③ 2＋99　④ 500＋500

⑤ 604＋89　⑥ 247＋6

3 ともきさんは、79円の ガムと 24円の ラムネを 買(か)います。合(あ)わせて 何円(なんえん)に なりますか。　〔10点〕

【しき】

【ひっ算】

答(こた)え（　　　　）

答えは 68ページ

9 計算の いみや しかたを 学ぼう

❸ 100より 大きい 数から ひく ひき算
❹ 3けたの ひき算

／100点

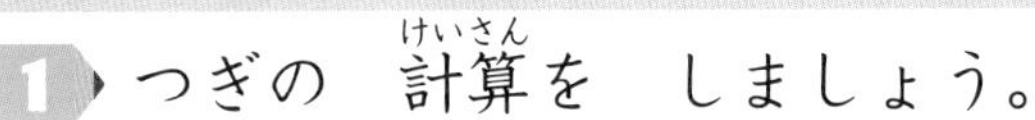

1 つぎの 計算(けいさん)を しましょう。　1つ9〔36点(てん)〕

❶

	1	3	6
−		7	4

❷

	1	0	6
−		3	6

❸

	1	0	0
−		3	7

❹

	8	0	0
−	5	0	0

2 つぎの 計算を しましょう。　1つ9〔54点〕

❶ $\begin{array}{r} 154 \\ -\ \ 65 \\ \hline \end{array}$　❷ $\begin{array}{r} 180 \\ -\ \ 83 \\ \hline \end{array}$　❸ $\begin{array}{r} 105 \\ -\ \ 37 \\ \hline \end{array}$

❹ $\begin{array}{r} 983 \\ -\ \ \ 5 \\ \hline \end{array}$　❺ $\begin{array}{r} 675 \\ -\ \ 48 \\ \hline \end{array}$　❻ $\begin{array}{r} 560 \\ -\ \ 56 \\ \hline \end{array}$

3 えんぴつが 108本 ありました。29人の 子どもに 1本ずつ くばりました。えんぴつは 何本(なんぼん) のこっていますか。　〔10点〕

【しき】

答(こた)え（　　　　　）

答えは 68ページ

教科書 ㊤107～113ページ　　月　日

9 計算の　いみや　しかたを　学ぼう
❸ 100より　大きい　数から　ひく　ひき算
❹ 3けたの　ひき算

／100点

1 つぎの　計算を　しましょう。　1つ7〔42点〕

❶ $167 - 76$

❷ $143 - 70$

❸ $105 - 6$

❹ $900 - 600$

❺ $678 - 5$

❻ $1000 - 400$

2 つぎの　計算を　ひっ算で　しましょう。　1つ8〔48点〕

❶ 123－45

❷ 150－59

❸ 102－77

❹ 100－82

❺ 311－8

❻ 765－36

3 おり紙が　284まい　あります。48まい　つかうと、のこりは　何まいに　なりますか。　〔10点〕

【しき】

【ひっ算】

答え（　　　　）

答えは 68ページ

きほん 14

10　かさの　くらべ方や　あらわし方を　考えよう

❶ かさの　くらべ方

❷ かさの　あらわし方　❸ かさの　計算　／100点

1 水とうに　入る　水の　かさを、ますを　つかって　しらべました。水の　かさは　どれだけですか。　1つ5〔10点〕

❶

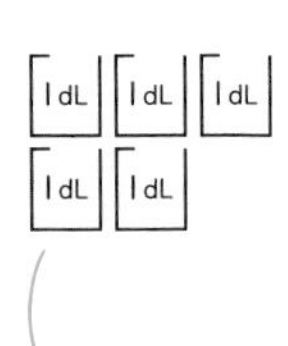

(　　　　)

❷

(　　　　)

2 □に　あてはまる　数を　書きましょう。　1つ10〔40点〕

❶ 2L＝□dL　❷ 5L7dL＝□dL

❸ 86dL＝□L□dL　❹ 700mL＝□dL

3 □に　あてはまる　数を　書きましょう。　1つ10〔50点〕

❶ 6L＋3L＝□L

❷ 3L＋2L4dL＝□L□dL

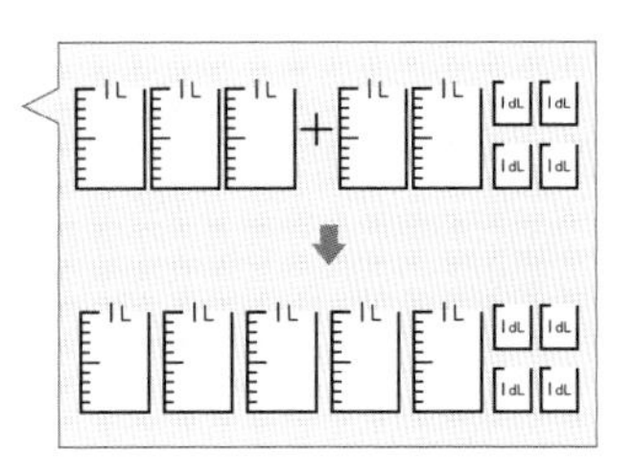

❸ 5L3dL－2L＝□L□dL

❹ 4L5dL＋5dL＝□L

❺ 6L8dL－7dL＝□L□dL

答えは 68ページ

10 かさの くらべ方や あらわし方を 考えよう

❶ かさの くらべ方

❷ かさの あらわし方 ❸ かさの 計算

／100点

1 つぎの 水の かさは 何L何dLですか。 1つ10〔20点〕

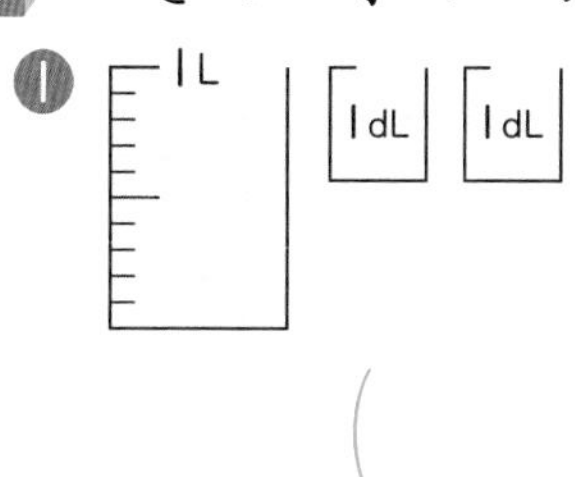

❶ (　　　)

❷ 3L 2L 1L 0 (　　　)

2 □に あてはまる 数を 書きましょう。 1つ5〔10点〕

❶ 3dL＝□mL　❷ 49dL＝□L□dL

3 □に あてはまる ＞、＜、＝を 書きましょう。 1つ10〔30点〕

❶ 5L4dL □ 54dL　❷ 20dL □ 2L2dL

❸ 6L3dL □ 3L6dL

4 □に あてはまる 数を 書きましょう。 1つ10〔40点〕

❶ 2L3dL＋3L＝□L□dL

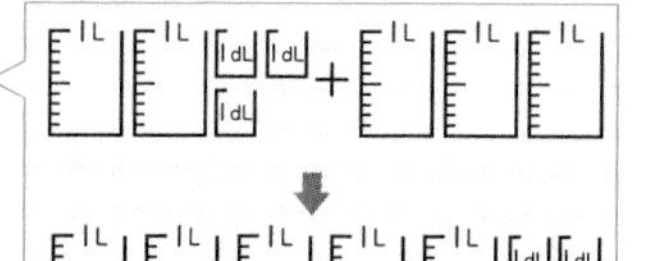

❷ 6L4dL−1L4dL＝□L

❸ 5dL＋5L8dL＝□L□dL

❹ 9L2dL−4L9dL＝□L□dL

答えは 68ページ

月　　日

11　形を　しらべて　なかま分けしよう

❶ 三角形と　四角形

／100点

1 直線(ちょくせん)だけで　かこまれた　形(かたち)は　どれですか。すべて　えらんで　○を　つけましょう。〔20点(てん)〕

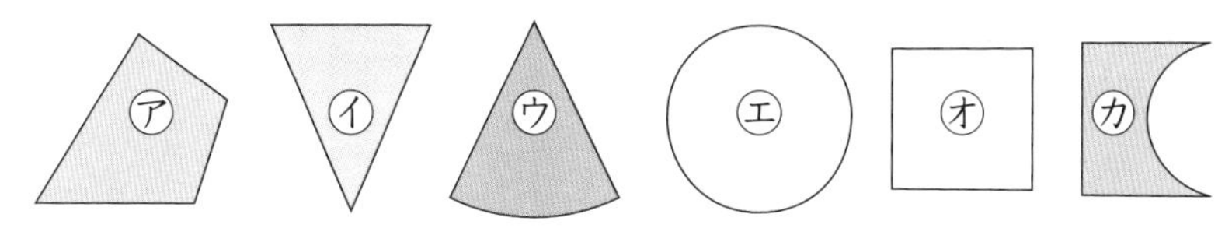

2 □に　あてはまる　ことばを　書(か)きましょう。1つ10〔40点〕

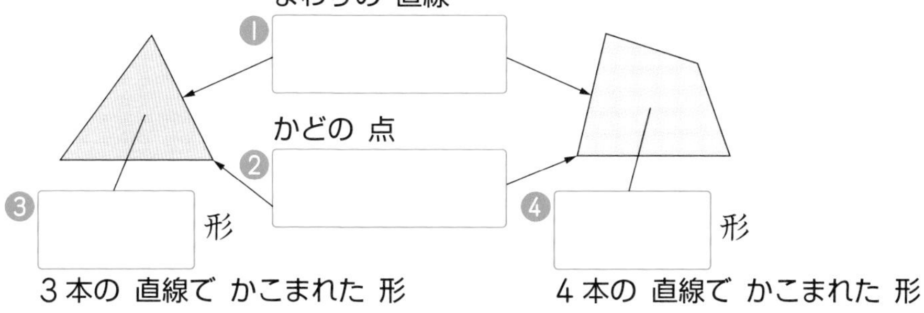

3 点と　点を　直線で　むすんで、つぎの　形を　かんせいさせましょう。1つ20〔40点〕

❶ 三角形(さんかくけい)を　2つ　　　❷ 四角形(しかくけい)を　2つ

答えは
68ページ

11　形を　しらべて　なかま分けしよう

❶ 三角形と　四角形

／100点

1 下の　図で、つぎの　形は　どれですか。それぞれ　すべて　えらびましょう。　1つ15〔45点〕

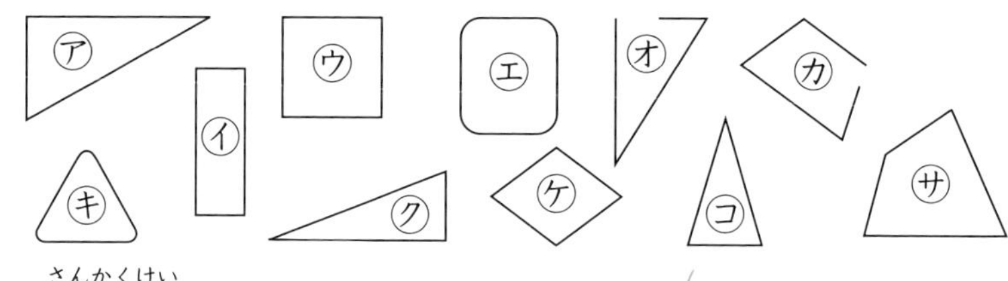

① 三角形　（　　　　）

② 四角形　（　　　　）

③ 三角形でも　四角形でも　ない　形　（　　　　）

2 四角形に　①から　③のように　1本の　直線(——)を　引くと、どんな　形が　いくつ　作れますか。□に　あてはまる　ことばや　数を　書きましょう。　□1つ11〔55点〕

① 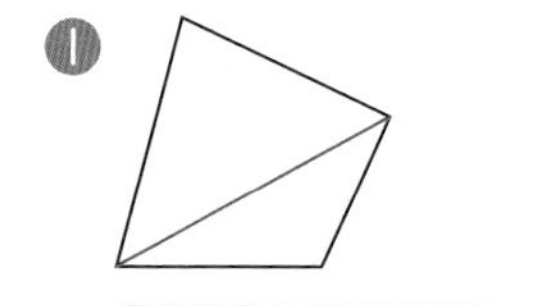

② 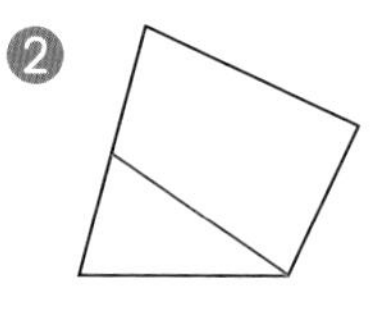

③ 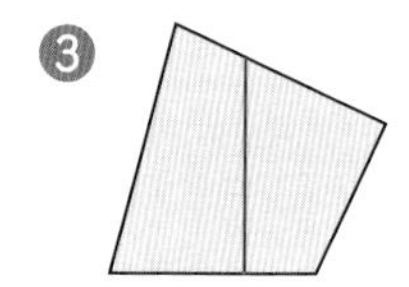

① □が　2つ。

② □が　1つ、四角形が　□つ。

③ □が　□つ。

答えは 68ページ

教科書 ㊤140～146ページ　月　日

11 形を しらべて なかま分けしよう

❷ 直角 ❸ 長方形と 正方形 ❹ 直角三角形 ❺ もよう作り

／100点

1 右の 三角じょうぎの かどで、直角に なっているのは どこですか。すべて えらびましょう。〔10点〕

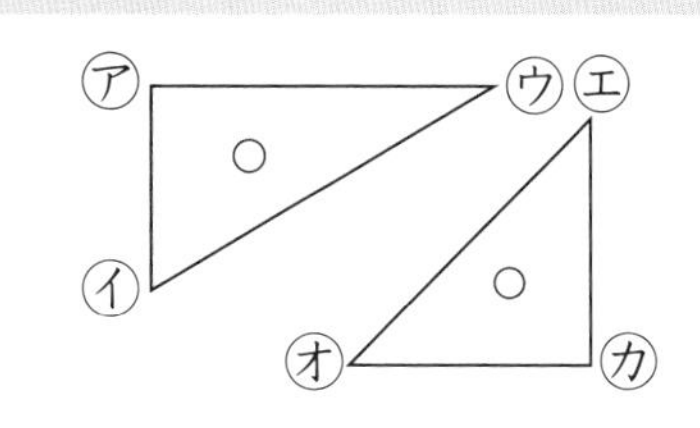

（　　　　）

2 □に あてはまる ことばを 書きましょう。□1つ10〔30点〕

❶ 正方形は、4つの かどが すべて □ で、4つの □ の 長さが すべて 同じです。

❷ 直角の かどが ある 三角形を、□ と いいます。

3 下の 図で、長方形、正方形、直角三角形は どれですか。それぞれ すべて えらびましょう。1つ20〔60点〕

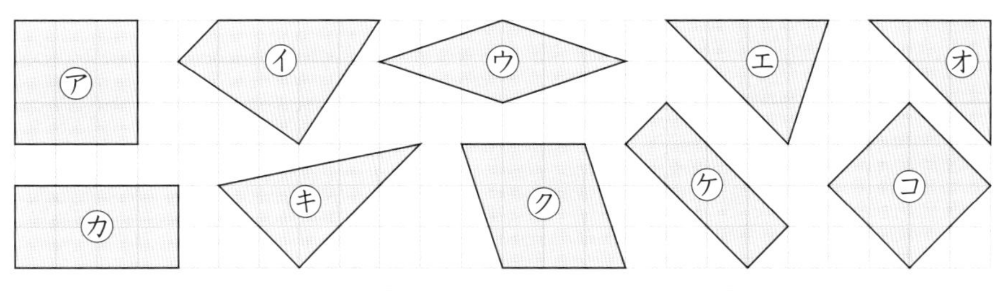

❶ 長方形（　　　　）　❷ 正方形（　　　　）　❸ 直角三角形（　　　　）

答えは 69ページ

11 形を しらべて なかま分けしよう

❷ 直角 ❸ 長方形と 正方形
❹ 直角三角形 ❺ もよう作り

／100点

1 つぎの 形を かきましょう。 1つ20〔40点〕

❶ 1つの へんの 長さが、3cmの 正方形。

❷ へんの 長さが、4cmと 2cmの 長方形。

❶ ❷

2 右の 図の 四角形は 長方形です。図の 中に 直角三角形は いくつ ありますか。 〔20点〕

（　　　）

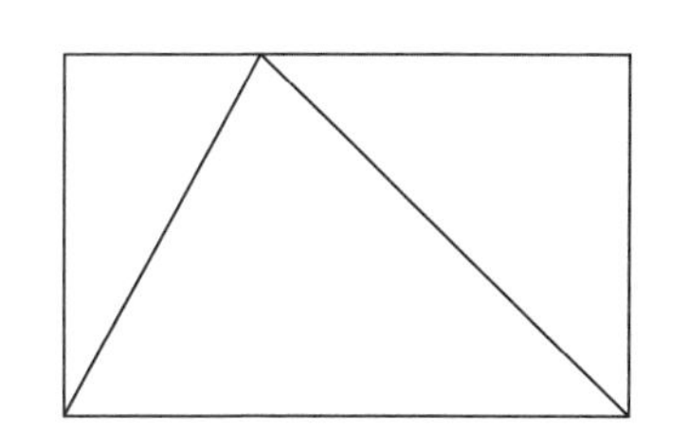

3 下の 図の □に あてはまる 数を 書きましょう。 1つ10〔40点〕

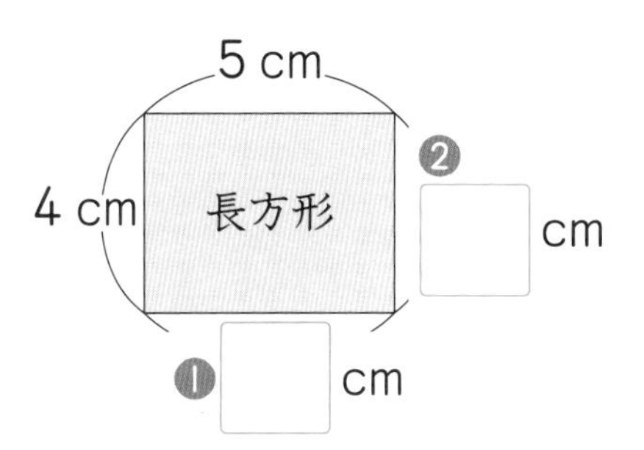

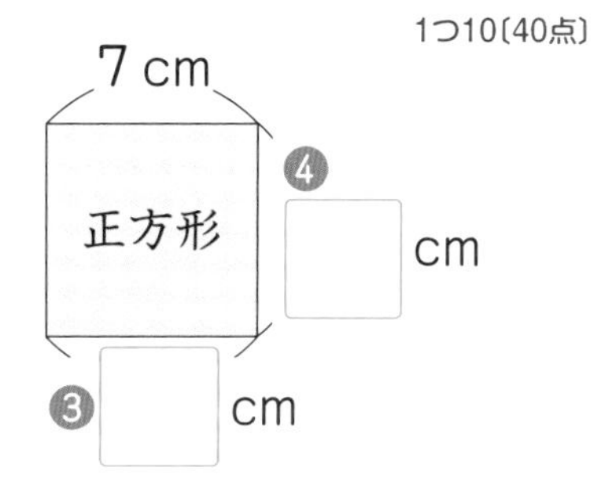

答えは 69ページ

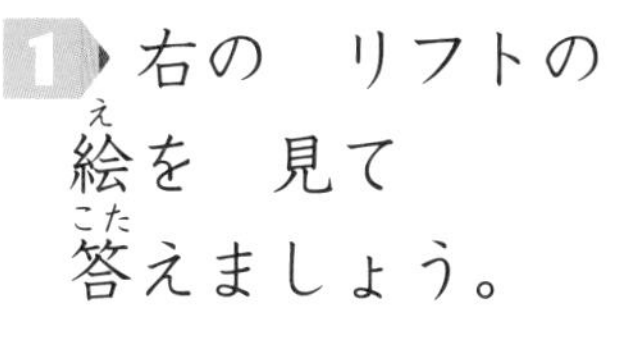

12 同じ 数ずつの ものの 数え方を 考えよう

❶ かけ算

❷ かけ算と ばい

／100点

1 右の リフトの 絵を 見て 答えましょう。

① 1台に 何人ずつ のって いますか。〔10点〕（　　）

② つぎの 数の リフトに のっているのは、それぞれ 何人ですか。1つ15〔30点〕

㋐ 3台分（　　）　㋑ 5台分（　　）

③ 6台分の リフトに のっている 人数を もとめる かけ算の しきと 答えを 書きましょう。〔15点〕

2 × □ = □　答え □人

1つ分の 数　いくつ分　ぜんぶの 数

2 つぎの ものの 3ばいは、それぞれ 何こですか。かけ算の しきで あらわして、答えましょう。1つ15〔45点〕

①  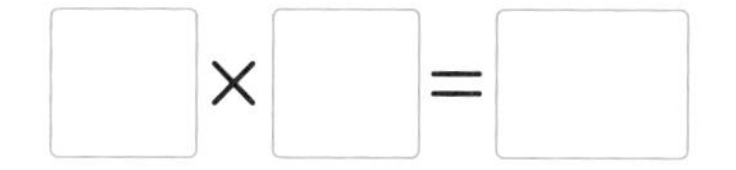 

□ × □ = □　□こ

② 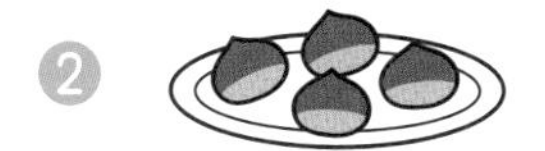 

□ × □ = □　□こ

③ 

□ × □ = □　□こ

答えは 69ページ

月　　日

12 同じ 数ずつの ものの 数え方を 考えよう
❶ かけ算
❷ かけ算と ばい

／100点

1 1パックに プリンが 3こずつ 入っています。2パック分の プリンの 数を あらわす しきは どれですか。 〔20点〕

㋐ 2×2　㋑ 3×2
㋒ 2×3　㋓ 3×3

（　　）

2 □に あてはまる 数を 書きましょう。 1つ20〔40点〕

❶ 4×5の 答えは、4＋4＋4＋4＋□の 答えと 同じで、□に なります。

❷ 7×3の 答えは、□＋□＋□の 答えと 同じで、□に なります。

3 長さが 6cmの リボンを 3本 テープで つなげました。 1つ20〔40点〕

❶ ぜんぶの 長さは、リボン 1本分の 長さの 何ばいですか。

（　　）

❷ ぜんぶの 長さは 何cmですか。

（　　）

答えは 69ページ

きほん 18

教科書 ㊦11～14ページ　　月　日

12 同じ 数ずつの ものの 数え方を 考えよう

❸ 5のだんの 九九

❹ 2のだんの 九九

／100点

1 バナナは ぜんぶで 何本（なんぼん） ありますか。バナナの 数（かず）を あらわす しきを 書き（か）ましょう。　1つ10〔30点〕

❶ 　$5\times2=$ □

❷ 　$5\times$ □ $=$ □

❸  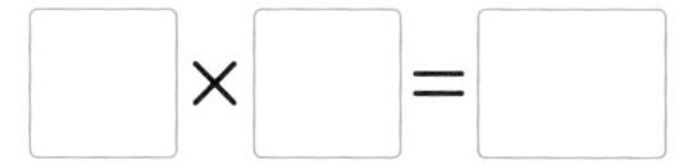　□ $\times$ □ $=$ □

2 ケーキが 1さらに 2こずつ のっています。　1つ15〔30点〕

❶ 3さら分（ぶん）の ケーキの 数を、かけ算（ざん）で もとめましょう。

【しき】 $2\times$ □ $=$ □　　答え（こた）（　　　）

❷ 4さら分の ケーキの 数を、かけ算で もとめましょう。

【しき】　　答え（　　　）

3 つぎの かけ算を しましょう。　1つ10〔40点〕

❶ 5×6　　❷ 2×5

❸ 5×9　　❹ 2×7

答えは 69ページ

月　日

12 同じ 数ずつの ものの 数え方を 考えよう

❸ 5のだんの 九九

❹ 2のだんの 九九

／100点

1 つぎの カードの 上の しきに 合う 答えを、下から えらんで 線で むすびましょう。 1つ10〔40点〕

① 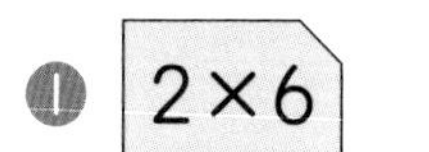

② 5×7
③ 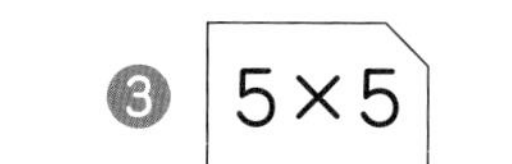

④ 2×8

㋐ 

㋑ 

㋒ 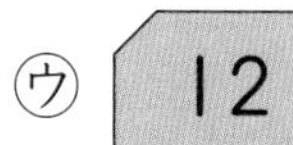

㋓ 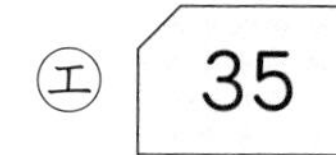

2 あめを 1人に 2こずつ 9人に くばります。あめは、ぜんぶで 何こ いりますか。 〔20点〕

【しき】

答え（　　　　）

3 アイスクリームが 1はこに 5こずつ 入っています。 1つ20〔40点〕

① 3はこ分では、アイスクリームは 何こに なりますか。

【しき】

答え（　　　　）

② 8はこ分では、アイスクリームは 何こに なりますか。

【しき】

答え（　　　　）

答えは 69ページ

きほん **19**

教科書 ㊦15〜20ページ　　月　日

12　同じ　数ずつの　ものの　数え方を　考えよう

❺ 3のだんの　九九　❻ 4のだんの　九九
❼ きまりを　見つけよう　❽ カードあそび　　／100点

1 1台(だい)の　じどう車に　3人ずつ　のります。

❶ じどう車が　6台の　とき、ぜんぶで　何人(なんにん)　のれますか。〔8点(てん)〕

$3\times6=$ □　　□人

❷ 7台分(ぶん)から　9台分の　のれる　人数(にんずう)を　じゅんに　もとめましょう。　1つ8〔24点〕

㋐ 7台分　$3\times7=$ □　　□人

㋑ 8台分　$3\times$ □ $=$ □　　□人

㋒ 9台分　□ $\times$ □ $=$ □　　□人

❸ じどう車が　1台　ふえると、のれる　人数は　何人　ふえますか。〔8点〕　（　　）

2 つぎの　かけ算(ざん)を　しましょう。　1つ10〔60点〕

❶ 4×1　　❷ 4×3

❸ 4×7　　❹ 4×5

❺ 4×9　　❻ 4×2

答えは 69ページ

教科書 ㊦15〜20ページ　　月　日

12 同じ 数ずつの ものの 数え方を 考えよう

❺ 3のだんの 九九　❻ 4のだんの 九九
❼ きまりを 見つけよう　❽ カードあそび

／100点

1 □に あてはまる 数を 書きましょう。　1つ10〔20点〕

❶ 3のだんの 九九では、かける数が 1ふえると、答えは □ ふえます。

❷ □ のだんの 九九では、かける数が 1ふえると、答えは 4ふえます。

2 つぎの カードの 上の 答えに 合う しきを、下から えらんで 線で むすびましょう。　1つ10〔40点〕

❶ 16　❷ 32　❸ 15　❹ 12

㋐ 3×4　㋑ 3×5　㋒ 4×4　㋓ 4×8

3 1本 3cmの リボンを 3本 作ります。リボンは 何cm いりますか。　〔20点〕

【しき】

答え（　　　）

4 1日に 4ページずつ 本を 読むと、6日間では、何ページ 本を 読むことに なりますか。　〔20点〕

【しき】

答え（　　　）

答えは
69ページ

13 かけ算の　きまりを　つかって　九九を　作ろう

❶ 6のだんの　九九

❷ 7のだんの　九九

／100点

1 まん中の　数に、まわりの　数を　かけた　答えを　書きましょう。　1つ5〔40点〕

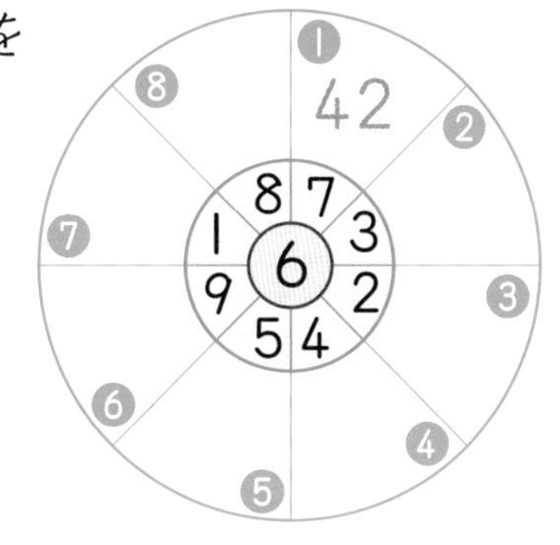

2 6のだんの　九九に　ついて　答えましょう。　1つ10〔20点〕

① 6のだんの　九九では、かける数が　1ふえると、答えは　いくつ　ふえますか。　（　　　）

② 6×3と　答えが　同じに　なる、3のだんの　九九を　書きましょう。　（　　　）

3 つぎの　かけ算を　しましょう。　1つ5〔40点〕

① 7×4　　② 7×9

③ 7×5　　④ 7×7

⑤ 7×3　　⑥ 7×6

⑦ 7×2　　⑧ 7×8

答えは 70ページ

教科書 ㊦23～28ページ　　月　　日

13　かけ算の　きまりを　つかって　九九を　作ろう

❶ 6のだんの　九九
❷ 7のだんの　九九

／100点

1 みかんが　7こずつ　6れつ　ならんでいます。□に　あてはまる　数(かず)を　書(か)いて、3人の　計算(けいさん)の　しかたを　せつめいしましょう。　1つ10〔50点(てん)〕

〔くるみ〕　たし算(ざん)で、

❶ $7+7+7+7+7+7=$ □

〔あおい〕　5×6の　答(こた)えと　❷ □×6の　答えを　合(あ)わせて、❸ □

〔えいた〕　6のだんの　九九で、

❹ □×7＝❺ □

2 □に　あてはまる　数を　書きましょう。　1つ10〔20点〕

❶ 6×8の　答えは、6×7の　答えより　□　大きい。

❷ 7×9の　答えは、7×8の　答えより　□　大きい。

3 1チーム　6人の　バレーボールの　チームを　4つ　つくるには、ぜんぶで　何人(なんにん)　いれば　よいですか。〔30点〕

【しき】

答え（　　　　）

答えは 70ページ

教科書 ㊦29～34ページ　　月　日

13　かけ算の　きまりを　つかって　九九を　作ろう

❸ 8のだんの 九九　❹ 9のだんの 九九
❺ 1のだんの 九九　❻ どんな 計算に なるかな

／100点

1 まん中の　数(かず)に、まわりの　数を かけた　答(こた)えを　書(か)きましょう。

1つ6〔48点(てん)〕

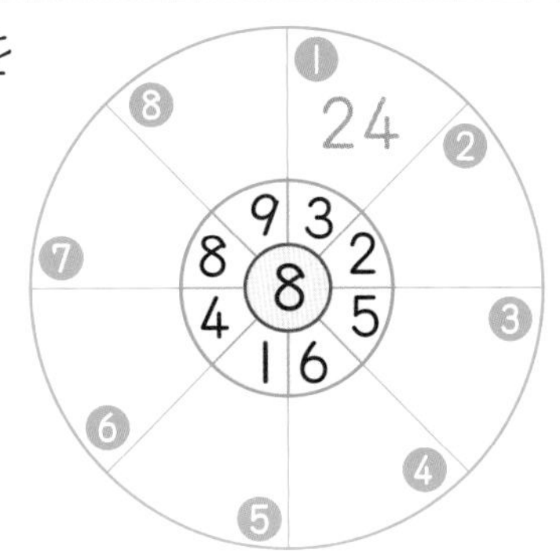

2 しきを　書いて　答えを　もとめましょう。　1つ8〔16点〕

❶ 1円玉　3まいで　何円(なんえん)に　なりますか。

【しき】

答え（　　　　）

❷ あつさが　1cmの　本を　8さつ分(ぶん)　つみました。ぜんぶの　高(たか)さは　何cmですか。

【しき】

答え（　　　　）

3 つぎの　かけ算(ざん)を　しましょう。　1つ6〔36点〕

❶ 9×2　　❷ 9×5

❸ 9×7　　❹ 9×4

❺ 9×9　　❻ 9×3

答えは
70ページ

かくにん 21

教科書 ㊦29～34ページ　　月　日　10分

13　かけ算の　きまりを　つかって　九九を　作ろう

❸８のだんの 九九　❹９のだんの 九九
❺１のだんの 九九　❻どんな 計算に なるかな

／100点

1 □に　あてはまる　数を　書きましょう。　1つ10〔20点〕

❶ 8×6の　答えは、8×5の　答えより　□　大きい。

❷ 9×3の　答えは、9×2の　答えより　□　大きい。

2 1まい　8円の　画用紙が　あります。　1つ20〔40点〕

❶ 4まい　買うと、ぜんぶで　何円に　なりますか。

【しき】

答え（　　　）

❷ 7まい　買うと、ぜんぶで　何円に　なりますか。

【しき】

答え（　　　）

3 せんべいが　さらの　上に　2まい、ふくろの　中に　9まい　あります。ぜんぶで　何まい　ありますか。〔20点〕

【しき】

答え（　　　）

4 子どもが　8人　います。あめを　1人に　9こずつ　くばります。あめは　ぜんぶで　何こ　いりますか。〔20点〕

【しき】

答え（　　　）

答えは 70ページ

教科書 ㊦38～44ページ　月　日

14 九九の きまりを 見つけて いかそう

❶ かけ算九九の ひょう ❷ 九九を こえた かけ算
❸ かけ算九九を つかって

／100点

1 九九の ひょうを 見て 答(こた)えましょう。 1つ15〔60点(てん)〕

		かける数								
		1	2	3	4	5	6	7	8	9
かけられる数	1	1	2	3	4	5	6	7	8	9
	2	2	4	6	8	10	12	14	16	18
	3	3	6	9	12	15	18	21	24	27
	4	4	8	12	16	20	24	28	32	36
	5	5	10	15	20	25	30	35	40	45
	6	6	12	18	24	30	36	42	48	54
	7	7	14	21	28	35	42	49	56	63
	8	8	16	24	32	40	48	56	64	72
	9	9	18	27	36	45	54	63	72	81

❶ 7のだんの 九九では、かける数(かず)が 1ふえると、答えは いくつ ふえますか。（　　）

❷ 9×7と 答えが 同(おな)じに なる 九九を 書(か)きましょう。（　　）

❸ 答えが 18に なる 九九を、ぜんぶ 書きましょう。
（　　）

❹ 2のだんと 5のだんの 答えを たすと、何(なん)のだんの 答えと 同じに なりますか。（　　）

2 4×14の 計算(けいさん)の しかたを 図(ず)のように 考(かんが)えて、答えを もとめましょう。 〔40点〕

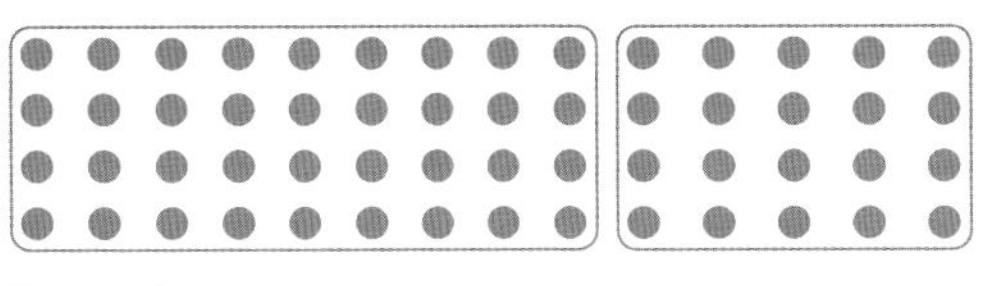

【しき】

答え（　　）

答えは 70ページ

14 九九の きまりを 見つけて いかそう

❶ かけ算九九の ひょう ❷ 九九を こえた かけ算
❸ かけ算九九を つかって

／100点

1 答えが 同じに なる カードを、線で むすびましょう。 1つ10〔40点〕

① 8×2　② 8×3　③ 4×9　④ 7×6

㋐ 6×6　㋑ 2×8　㋒ 6×7　㋓ 4×6

2 下の 図を 見て 答えましょう。 1つ15〔30点〕

㋐
㋑
㋒
㋓

① ㋑の テープの 2ばいの 長さの テープは どれですか。 （　　）

② ㋐の テープの 長さは 4cmです。㋒の テープの 長さは 何cmですか。 （　　）

3 おかしは ぜんぶで 何こ ありますか。九九を つかって、くふうして もとめましょう。 〔30点〕

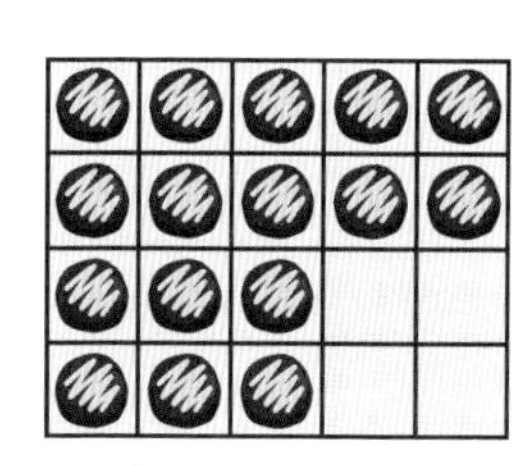

【しき】

答え（　　）

答えは 70ページ

月　　日

15　1つ分を　数で　あらわして　考えよう

／100点

1 色（いろ）の　ついた　ところが、もとの　大きさの　$\frac{1}{2}$ に なっている　ものを　えらびましょう。〔20点（てん）〕

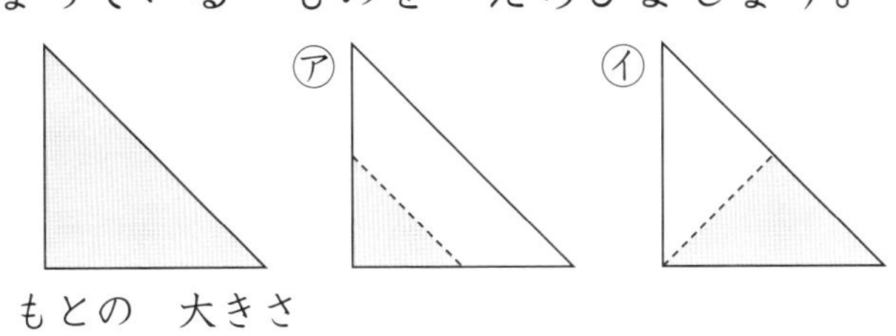

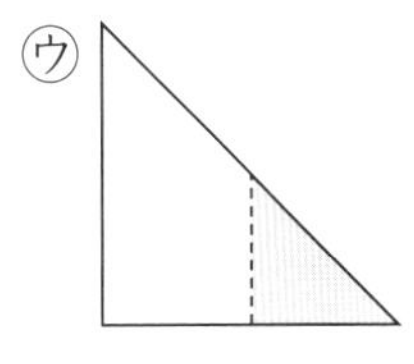

（　　　）

2 下の　図（ず）を　見て、答（こた）えましょう。　1つ20〔40点〕

もとの
大きさ

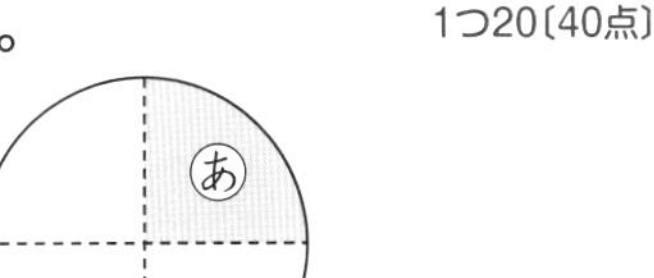

❶ ㋐の　大きさは、もとの　大きさの　何分（なんぶん）の一ですか。　（　　　）

❷ もとの　大きさは、㋐の　大きさの　いくつ分ですか。　（　　　）

3 つぎの　長（なが）さに　色を　ぬりましょう。　1つ20〔40点〕

もとの　長さ

❶ もとの　長さの　$\frac{1}{2}$

❷ もとの　長さの　$\frac{1}{3}$

答えは 70ページ

15 1つ分を 数で あらわして 考えよう

／100点

1 つぎの 図を 見て、□に あてはまる 記ごうや 数を 書きましょう。 1つ10〔40点〕

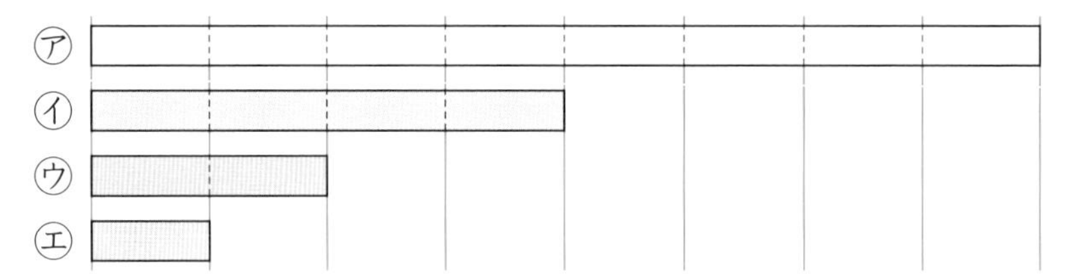

❶ テープ㋐の $\frac{1}{4}$の 長さの テープは、□です。

❷ テープ㋐は、テープ㋑の □ばいの 長さです。

❸ テープ□の $\frac{1}{2}$の 長さの テープは、㋒です。

❹ テープ□の 8ばいの 長さの テープは、㋐です。

2 □に あてはまる 数を 書きましょう。 1つ20〔60点〕

❶ 8この $\frac{1}{4}$の 大きさは □こです。

❷ 12この $\frac{1}{4}$の 大きさは □こです。

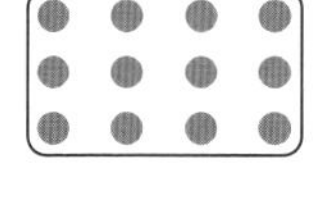

❸ 12この $\frac{1}{3}$の 大きさは □こです。

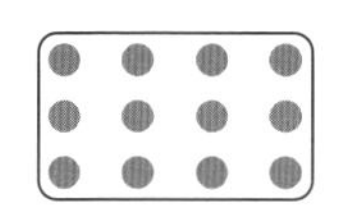

答えは 70ページ

16　時こくや　時間を　読んで　もとめよう

／100点

1 右の　時計の　時こくは　夕ごはんを食べおわった　時こくです。❶10、❷❸1つ15〔40点〕

❶ 何時何分ですか。

（　　　　　）

❷ 1時間前の　時こくは、何時何分ですか。

（　　　　　）

❸ 30分後の　時こくは、何時何分ですか。

（　　　　　）

2 つぎの　時間を　もとめましょう。　1つ20〔60点〕

❶ 午前7時35分から、午前7時45分までの　時間。

（　　　　　）

❷ 午前9時30分から、午前10時までの　時間。

（　　　　　）

❸ 午後4時から、午後6時までの　時間。

（　　　　　）

答えは 71ページ

16 時こくや 時間を 読んで もとめよう

／100点

1 たくとさんは、家を 出て 20分間 歩いたら、公園に 午後3時30分に つきました。家を 出た 時こくは、何時何分ですか。 〔25点〕

（　　　　）

2 ひかりさんは、午前10時から 6時間 どうぶつ園に いました。どうぶつ園を 出た 時こくは、何時ですか。 〔25点〕

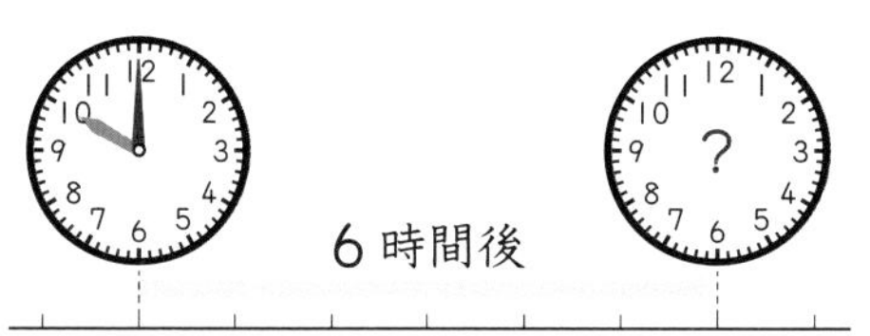

（　　　　）

3 右の 時計の 時こくは、午前6時35分です。 1つ25〔50点〕

❶ 30分前の 時こくは、何時何分ですか。

（　　　　）

❷ 午前7時までは、あと 何分間 ありますか。

（　　　　）

答えは 71ページ

17　数の　あらわし方や　しくみを　しらべよう

❶ 1000より 大きい 数の あらわし方 ①

／100点

1 紙は　何まい　ありますか。
数を　数字で　書きましょう。　1つ10〔20点〕

① 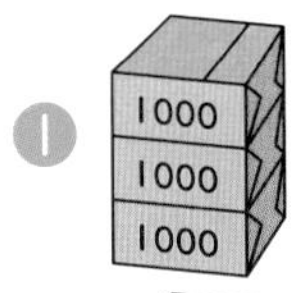

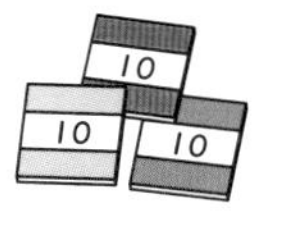

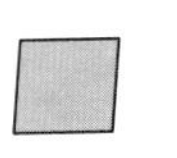

（　　　　）まい

② 

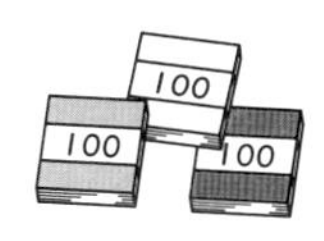

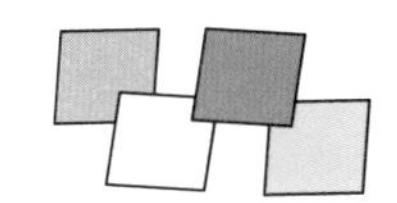
（　　　　）まい

2 3875の　つぎの　くらいの　数字は　何ですか。　1つ10〔40点〕

① 千のくらい（　　　　）　② 百のくらい（　　　　）

③ 十のくらい（　　　　）　④ 一のくらい（　　　　）

3 □に　あてはまる　数を　書きましょう。　1つ10〔40点〕

① 1000を　3こと、100を　2こと、10を　7こと、1を　8こ　合わせた　数は、□です。

② 1000を　5こと、10を　9こと、1を　5こ　合わせた　数は、□です。

③ 100を　15こ　あつめた　数は、□です。

④ 2700は、100を　□こ　あつめた　数です。

答えは 71ページ

17 数の あらわし方や しくみを しらべよう

❶ 1000より 大きい 数の あらわし方 ①

／100点

1 紙は 何まい ありますか。
数を 数字で 書きましょう。　1つ12〔24点〕

① 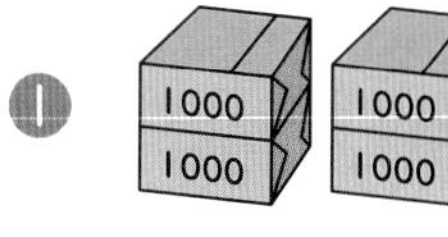

（　　　）まい

② 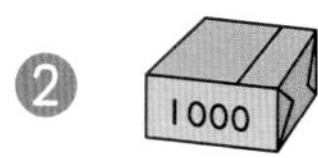

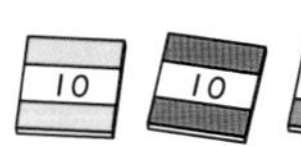
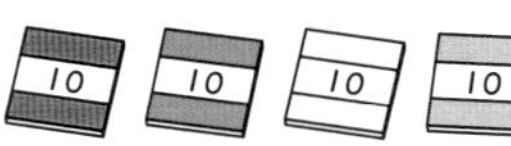

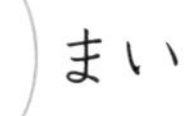
（　　　）まい

2 つぎの 数を 数字で 書きましょう。　1つ10〔40点〕

① 千五百七十三　（　　　）

② 四千三百九　（　　　）

③ 三千六十四　（　　　）

④ 六千二　（　　　）

3 □に あてはまる 数を 書きましょう。　1つ12〔36点〕

① 2857は、1000を □ こ、100を  こ、10を □ こ、1を  こ 合わせた 数です。

② 6900は、100を □ こ あつめた 数です。

③ 1000を 8こ あつめた 数は、 です。

答えは 71ページ

17　数の　あらわし方や　しくみを　しらべよう

❶ 1000より 大きい 数の あらわし方 ②

／100点

1 □に　あてはまる　ことばや　数(かず)を　書(か)きましょう。

1つ10〔30点(てん)〕

❶ 9999より　1　大きい　数は　□　です。

❷ 9900は　あと　□　で　10000に　なります。

❸ 10000は　かん字で　書くと　□　です。

2 下の　数の線(せん)を　見て　答(こた)えましょう。　1つ10〔50点〕

5000　6000　7000　8000　9000　10000

↑あ　↑い　↑う

❶ いちばん　小さい　1目もりは　いくつですか。　（　　　）

❷ あ、い、うの　目もりの　数を　書きましょう。

あ（　　　）　い（　　　）　う（　　　）

❸ 8600を　あらわす　目もりに　↑を　かきましょう。

3 □に　あてはまる　>か　<を　書きましょう。1つ5〔20点〕

❶ 7000 □ 6909　　❷ 4567 □ 4675

❸ 5039 □ 5048　　❹ 8416 □ 8412

答えは 71ページ

17　数の　あらわし方や　しくみを　しらべよう

❶ 1000より 大きい 数の あらわし方 ②

／100点

1 つぎの　数(かず)を　書(か)きましょう。　1つ10〔40点(てん)〕

❶ 8800より　200　大きい　数。　（　　　）

❷ 2000より　400　小さい　数。　（　　　）

❸ 6000より　1　小さい　数。　（　　　）

❹ 9990より　10　大きい　数。　（　　　）

2 □に　あてはまる　数を　書きましょう。　□1つ6〔36点〕

❶ 4600 ― □ ― 4700 ― 4750 ― □

❷ □ ― 9400 ― 9600 ― □ ― 10000

❸ 8886 ― 8887 ― □ ― 8889 ― □

3 □に　あてはまる　＞か　＜を　書きましょう。　1つ6〔24点〕

❶ 6023 □ 6230　　❷ 3807 □ 3087

❸ 4501 □ 4510　　❹ 9090 □ 9009

答えは 71ページ

18　長い　長さの　くらべ方や　あらわし方を　考えよう

／100点

1 テーブルの　よこの　長(なが)さを　30cmの　ものさしで　はかったら、ちょうど　4回(かい)　ありました。　1つ15〔30点(てん)〕

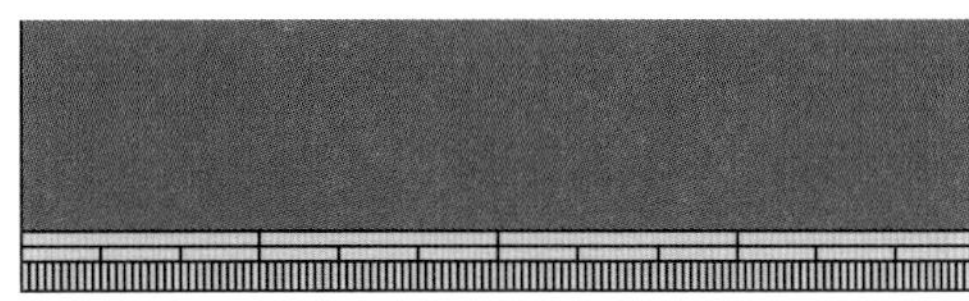

❶ テーブルの　よこの　長さは　何(なん)cmですか。

（　　　　）

❷ テーブルの　よこの　長さは、1mより　何cm　長いですか。

（　　　　）

2 □に　あてはまる　数(かず)を　書(か)きましょう。　1つ10〔20点〕

❶ 300cm＝□m　❷ 1m80cm＝□cm

3 □に　あてはまる　数を　書きましょう。　1つ15〔30点〕

❶ 2m30cm＋5m＝□m□cm

❷ 7m9cm－4m＝□m□cm

4 □に　あてはまる　>、<、＝を　書きましょう。　1つ10〔20点〕

❶ 140cm□1m4cm

❷ 3m30cm□300cm

答えは
71ページ

18　長い　長さの　くらべ方や　あらわし方を　考えよう

／100点

1 □に　あてはまる　数を　書きましょう。　1つ14〔70点〕

❶ 8mは、1mの □ つ分の　長さです。

❷ 1cmの　130こ分の　長さは □ cmです。

また、その　長さは、□ m □ cmです。

❸ 295cm＝□ m □ cm

❹ 6m75cm＝□ cm

❺ 1mの　ものさしで　3回の　長さと、30cmの　ものさしで　2回の　長さを　合わせると、長さは

□ m □ cmです。

2 5m40cmの　ロープと　3mの　ロープが　あります。

1つ15〔30点〕

❶ 2本の　ロープを　合わせた　長さは　何m何cmですか。

（　　　　　）

❷ 2本の　ロープの　長さの　ちがいは　何m何cmですか。

（　　　　　）

答えは 71ページ

19 図を つかって 計算の しかたを 考えよう

／100点

1 おかしを 18こ 食べましたが、まだ 24こ のこっています。 1つ25〔50点〕

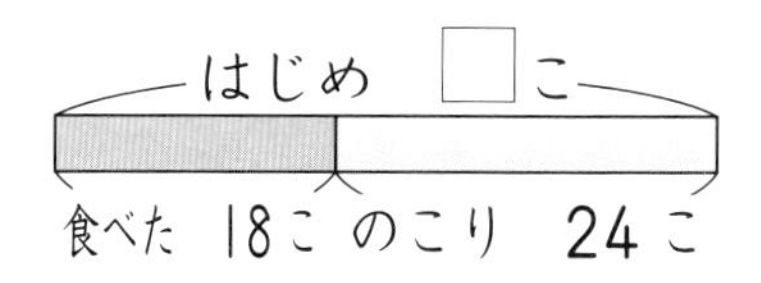

❶ おかしが はじめに □こ あったと して、のこりの こ数を もとめる しきを 書きましょう。

（　　　　　　　　）

❷ はじめに おかしは 何こ ありましたか。

【しき】

答え（　　　　　　）

2 シールが 40まい ありました。友だちに 何まいか もらったので、ぜんぶで 60まいに なりました。 1つ25〔50点〕

ぜんぶ 60まい
はじめ 40まい
もらった □まい

❶ もらった 数を □まいと して、ぜんぶの まい数を もとめる しきを 書きましょう。

（　　　　　　　　）

❷ もらったのは 何まいですか。

【しき】

答え（　　　　　　）

答えは 71ページ

19 図を つかって 計算の しかたを 考えよう

／100点

1 しきと 合う 図を 線で むすびましょう。 1つ20〔60点〕

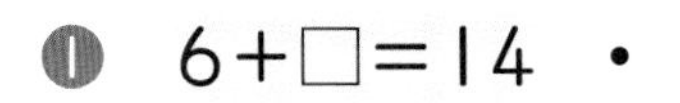

❶ $6+\square=14$ ・　　　・ ㋐

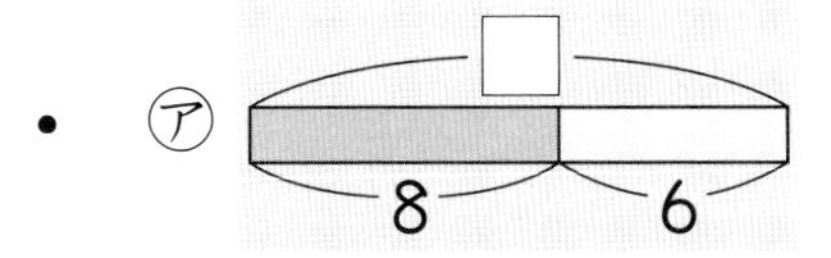

❷ $\square-8=6$ ・　　　・ ㋑

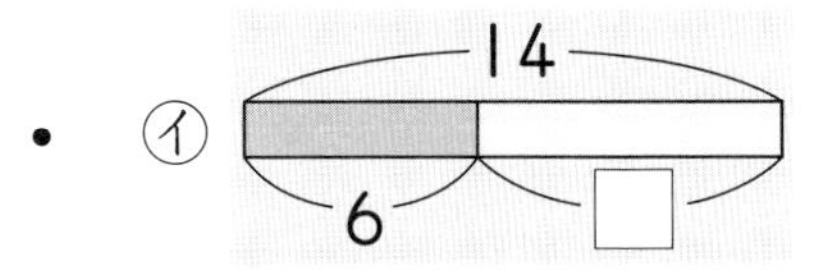

❸ $14-\square=8$ ・　　　・ ㋒

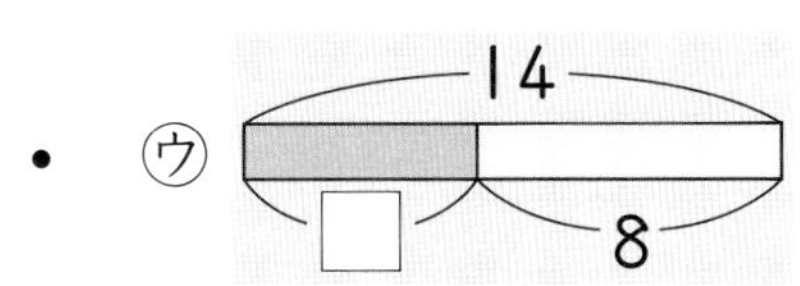

2 右の 図を 見て 答えましょう。 1つ20〔40点〕

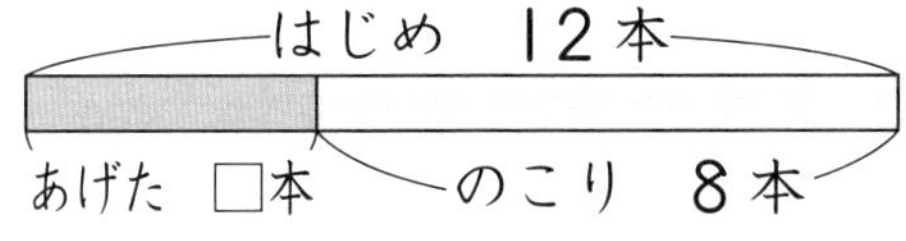

❶ □に ことばを 書き、もんだいを 作りましょう。

えんぴつを 12本 もっていました。妹に 何本か ㋐［　　　］ので、㋑［　　　］は 8本に なりました。㋒［　　　］に 何本 あげましたか。

❷ 上の もんだいの 答えを もとめる しきと、答えを 書きましょう。

【しき】

答え（　　　）

答えは 71ページ

月　　日

20　せいりの　しかたや　まとめ方を　考えよう

／100点

1 そらさんの　組(くみ)の　ぜんいんに　すきな　きせつを　聞(き)いたところ、つぎのように　なりました。

すきな　きせつ

名前(なまえ)	かえで	そら	たいち	なぎさ	しゅん	だいき	あや
きせつ	秋(あき)	冬(ふゆ)	夏(なつ)	夏	夏	春(はる)	冬
名前	けんた	かな	はる	ゆうき	かいと	めい	たける
きせつ	夏	秋	春	冬	夏	春	夏
名前	りょう	みく	くるみ	けいと	れい	ゆうた	
きせつ	冬	夏	夏	冬	冬	夏	

① すきな　きせつの　人数(にんずう)を、下の　ひょうに　書(か)きましょう。　1つ10〔40点(てん)〕

すきな　きせつ

きせつ	春	夏	秋	冬
人数(人)				

② 右の　グラフに、すきな　きせつの　人数を、○を　つかって　あらわしましょう。　〔30点〕

すきな　きせつ

春	夏	秋	冬

③ 夏と　冬とでは、どちらが　何人(なんにん)　多(おお)いですか。　〔30点〕

(　　　　　　　　　　)

答えは
72ページ

月　日

20　せいりの　しかたや　まとめ方を　考えよう

／100点

1 下の　絵は、あすかさんの　学校の　1週間の　おとしものです。

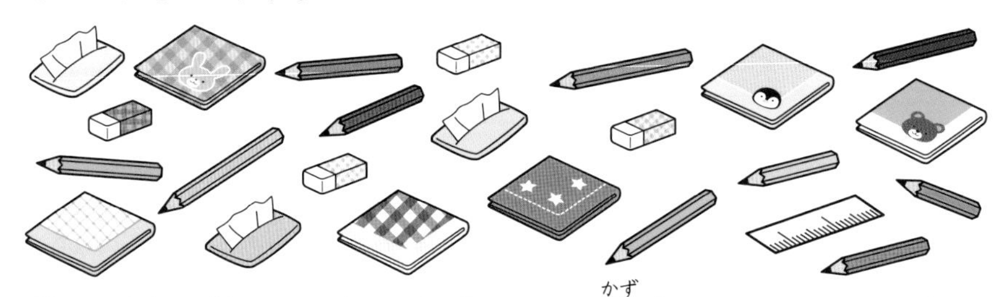

❶ それぞれの　おとしものの　数を、下の　ひょうに　書きましょう。　1つ5〔25点〕

おとしものしらべ

おとしもの	ハンカチ	ティッシュ	えんぴつ	けしゴム	じょうぎ
こ数(こ)					

❷ 右の　グラフに、おとしものの　数を、○を　つかって、数が　多い　じゅんに　左から　あらわしましょう。　〔25点〕

おとしものしらべ

❸ 3ばんめに　多かったのは　何ですか。また、その　数は　何こですか。　1つ25〔50点〕

(　　　　　)(　　　　　)

答えは 72ページ

21　どんな　形で　できているか　しらべよう

／100点

1 右の　はこの　形に　ついて　答えましょう。　1つ15〔45点〕

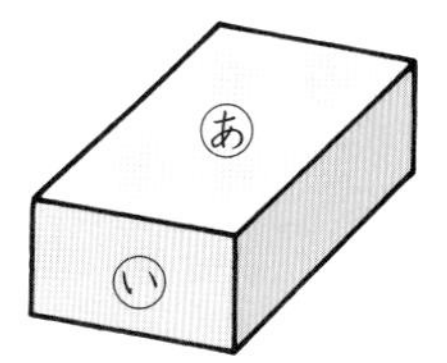

❶ 面は　何こ　ありますか。

（　　　　）

❷ あの　面の　形は、何と　いう　四角形ですか。

（　　　　）

❸ いと　同じ　形の　面は、いの　ほかに　何こ　ありますか。

（　　　　）

2 右の　図を　組み立てると、下の　アから　ウの　どの　はこが　できますか。　〔15点〕

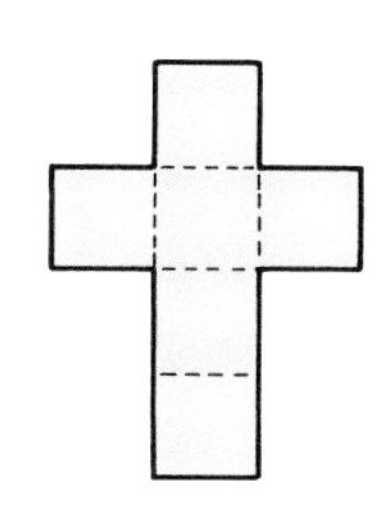

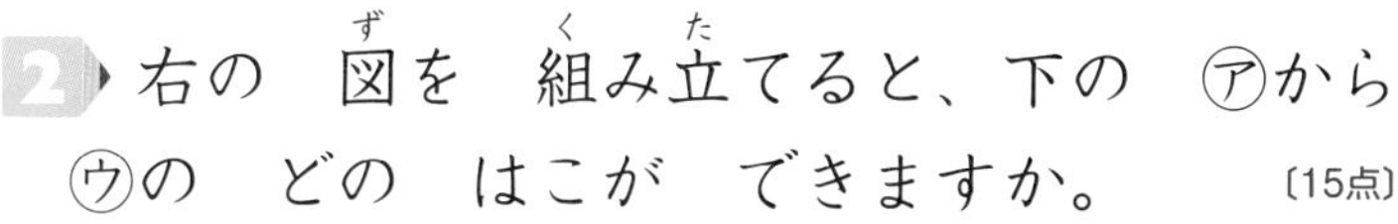

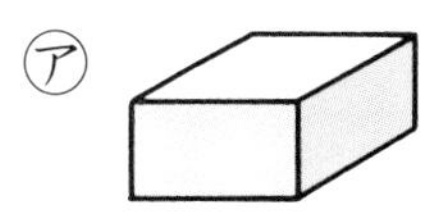

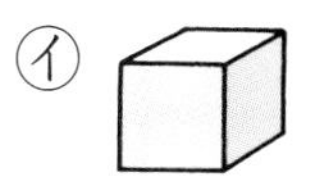

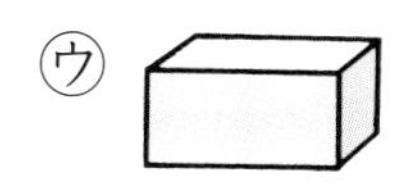

（　　　　）

3 ひごと　ねん土玉で、右のような　はこの　形を　作ります。　1つ20〔40点〕

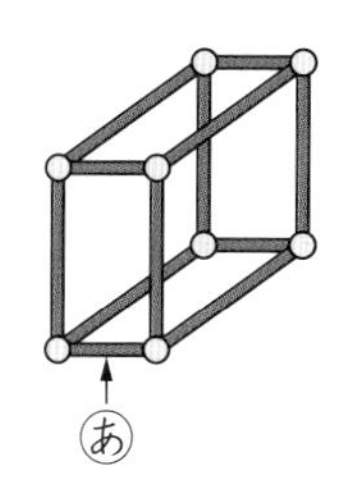

❶ ねん土玉は、何こ　いりますか。

（　　　　）

❷ あと　同じ　長さの　ひごは、ぜんぶで　何本　いりますか。

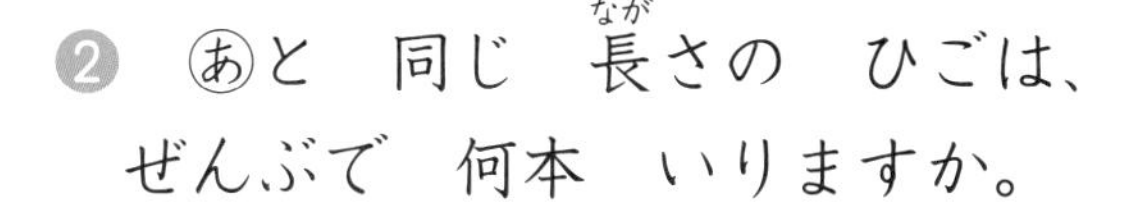

（　　　　）

答えは
72ページ

21　どんな　形で　できているか　しらべよう

／100点

1 右の　はこの　形に　ついて、答えましょう。　1つ20〔80点〕

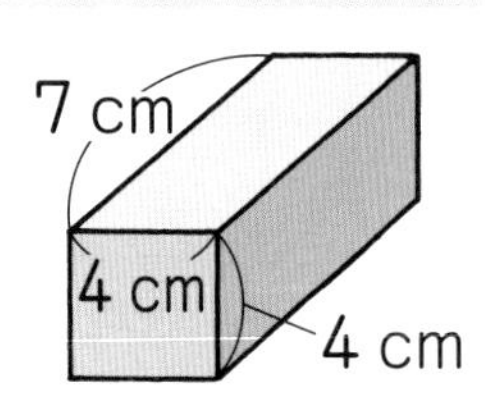

❶ 正方形の　面は、何こ　ありますか。

（　　　　）

❷ 7cmの　へんは、何本　ありますか。

（　　　　）

❸ 4cmの　へんは、何本　ありますか。

（　　　　）

❹ ちょう点は、何こ　ありますか。

（　　　　）

2 組み立てると　はこの　形に　なるものは　どれですか。

〔20点〕

㋐

㋑

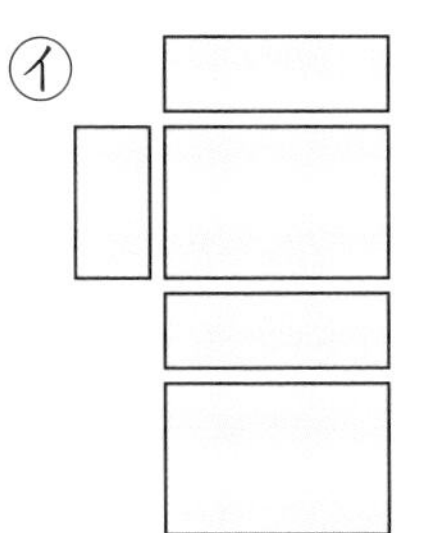

㋒

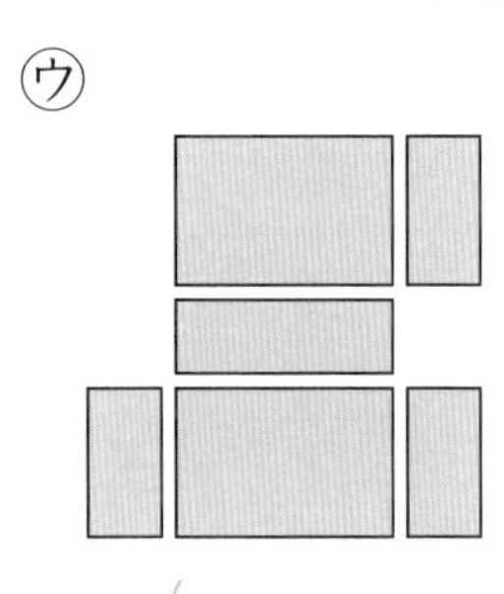

（　　　　）

答えは 72ページ

月　日

22　2年の　ふくしゅうを　しよう

力だめし ①

／100点

1 つぎの　数を　書きましょう。　1つ6〔18点〕

❶ 1000を　5こと、10を　8こ合わせた　数。　（　　　）

❷ 10を　29こ　あつめた　数。　（　　　）

❸ 1000を　10こ　あつめた　数。　（　　　）

2 つぎの　計算を　しましょう。　1つ6〔36点〕

❶ 27＋48　❷ 68＋85　❸ 76＋27

❹ 91－67　❺ 105－97　❻ 162－77

3 つぎの　長さは　何m何cmですか。　1つ5〔10点〕

❶ 7m80cmの　ロープから3m　切りとった　長さ　（　　　）

❷ 7m80cmの　ロープから2m60cm　切りとった　長さ　（　　　）

4 つぎの　かけ算を　しましょう。　1つ6〔36点〕

❶ 5×6　❷ 3×7　❸ 4×8

❹ 8×5　❺ 7×8　❻ 9×2

答えは72ページ

22　2年の　ふくしゅうを　しよう
力だめし ②

／100点

1 □に　あてはまる　数を　書きましょう。　1つ10〔40点〕

❶ 2時間＝□分　❷ 8cm1mm＝□mm

❸ 74dL＝□L□dL　❹ 9dL＝□mL

2 下の　図で、長方形、正方形、直角三角形は　どれですか。それぞれ　すべて　えらびましょう。1つ10〔30点〕

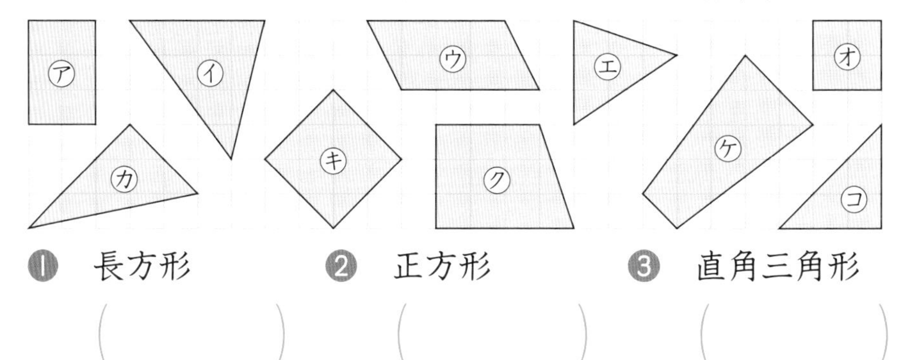

❶ 長方形　（　　）　❷ 正方形　（　　）　❸ 直角三角形　（　　）

3 右の　はこの　形に　ついて　答えましょう。　1つ15〔30点〕

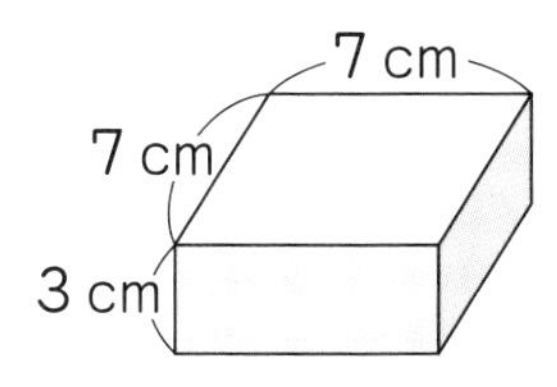

❶ 正方形の　面は　何こ　ありますか。（　　）

❷ 長さが　3cmの　へんは　何本　ありますか。（　　）

答えは
72ページ

1　3・4ページ

1 ❶ シールの 形しらべ

形	まる	さんかく	しかく	ほし
まい数(まい)	5	7	3	5

❷ シールの 形しらべ

	○		
	○		
○	○		○
○	○		○
○	○	○	○
○	○	○	○
○	○	○	○
まる	さんかく	しかく	ほし

❸ さんかく

❹ しかく

★ ★ ★

1 ❶ シールの 色しらべ

色	赤色	青色	黄色
まい数(まい)	7	4	9

❷ シールの 色しらべ

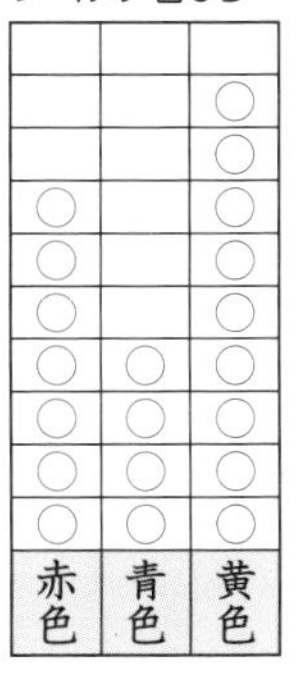

❸ 黄色

2　5・6ページ

1 ❶ 1　❷ 60　❸ 12

2 ❶ 午前7時

❷ 午後6時20分

★ ★ ★

1 ❶ 15分間　❷ 10分間

❸ 1時間

2 ❶ 60　❷ 24

❸ 12、12

3　7・8ページ

1 ❶ 14+21　❷ 35こ

2 ❶ 28−15　❷ 13本

★ ★ ★

1 ❶ 27+12　❷ 39まい

2 ❶ 26−11　❷ 15こ

4　9・10ページ

1 ❶ 87　❷ 98　❸ 46

2 ❶ 97　❷ 98　❸ 88

❹ 42　❺ 50　❻ 91

3 16+22=38

答え 38まい

$$\begin{array}{r} 16 \\ +22 \\ \hline 38 \end{array}$$

★★★

1 ❶ 87 ❷ 70 ❸ 99 ❹ 91 ❺ 89 ❻ 78

2 ❶ 98 ❷ 92 ❸ 87 ❹ 61

3 26＋58＝84

答え 84円

```
  26
＋58
  84
```

5 11・12ページ

1 ❶ 80 ❷ 53 ❸ 80 ❹ 60 ❺ 62 ❻ 70

2 ❶ 【ひっ算】

```
  48
＋35
  83
```

【たしかめ】

```
  35
＋48
  83
```

❷ 【ひっ算】

```
  61
＋ 9
  70
```

【たしかめ】

```
   9
＋61
  70
```

3 ❶ 57 ❷ 54 ❸ 16 ❹ 37

★★★

1 ❶ 90 ❷ 30 ❸ 92 ❹ 50 ❺ 72 ❻ 80

2 36＋45＝81 答え 81こ

【ひっ算】

```
  36
＋45
  81
```

【たしかめ】

```
  45
＋36
  81
```

3 ❶ 86 ❷ 87 ❸ 97 ❹ 55

てびき 3 どれとどれをたすと、ぴったりの数(何十)になるか考えて、先に計算します。

6 13・14ページ

1 ❶ 24 ❷ 62 ❸ 30

2 ❶ 10 ❷ 43 ❸ 4 ❹ 42 ❺ 53 ❻ 30

3 88－62＝26

答え 26円

```
  88
－62
  26
```

★★★

1 ❶

```
  88
－ 8
  80
```

❷

```
  90
－30
  60
```

❸

```
  69
－41
  28
```

2 ❶ 40 ❷ 21 ❸ 44 ❹ 4 ❺ 94 ❻ 60

3 26－24＝2

答え 2人

```
  26
－24
   2
```

7 15・16ページ

1 ❶ 28 ❷ 28 ❸ 32 ❹ 6 ❺ 34 ❻ 72

2 ❶ 37 ❷ 9 ❸ 4 ❹ 67

3 57－35 — 22＋35
83－40 — 43＋40
64－56 — 8＋56
49－7 — 42＋7

★★★

1 ❶ 【ひっ算】

```
  81
－45
  36
```

【たしかめ】

```
  36
＋45
  81
```

❷ 【ひっ算】

```
  90
－73
  17
```

【たしかめ】

```
  17
＋73
  90
```

2 ❶ 34　❷ 9
❸ 17　❹ 3
❺ 54　❻ 72

3 80−48＝32　答え 32円

```
  80
－48
  32
```

8　17・18ページ

1 ❶ 6cm（60mm）
❷ 7cm5mm（75mm）

2 （つぎのように　むすぶ。）
❶―㋓　❷―㋐
❸―㋑　❹―㋒

3 ❶ 30　❷ 27
❸ 5　❹ 5、9

4 ❶ 18cm　❷ 15cm

★　★　★

1 ❶ 62mm　❷ 45mm

2 （ものさしで　長さを　はかって　たしかめましょう。）

3 ❶ ㋑　❷ ㋐　❸ ㋐

4 ❶ 28、8　❷ 5、3
❸ 9、3　❹ 4、8

9　19・20ページ

1 ❶㋐ 1年生　㋑ 18　㋒ 21
❷ 21−18＝3　答え 3人

2 ❶㋐ れんさん　㋑ 17　㋒ 5
❷ 17＋5＝22　答え 22まい

★　★　★

1 ❶㋐ 赤　㋑ 白
㋒ 23　㋓ 7
❷ 23−7＝16　答え 16本

2 6＋15＝21　答え 21まい

3 60−5＝55　答え 55円

てびき **2** **3** も、**1** のように図をかいてみるとよいでしょう。

10　21・22ページ

1 ❶ 808　❷ 400
❸ 720　❹ 611

2 ❶ 7、1、6　❷ 2、8
❸ 308　❹ 10

3 ❶㋐ 609　㋑ 610　㋒ 613
❷㋓ 700　㋔ 850　㋕ 1000

★　★　★

1 ❶ 390　❷ 47　❸ 659

2 ❶㋐ 550　㋑ 710　㋒ 860
❷ 1000　❸ 980
❹ 500　600　700　800　900　1000（↑）

11　23・24ページ

1 ❶ ＜　❷ ＞　❸ ＞　❹ ＞

2 ❶ 6、130
❷ 8、50

3 ❶ 110　❷ 80
❸ 160　❹ 60

★　★　★

1 ❶ ＞　❷ ＜　❸ ＞　❹ ＜

2 ❶ 110　❷ 60
❸ 130　❹ 90

3 60＋90＝150　答え 150円

4 140−70＝70　答え 70まい

12

25・26ページ

1 ❶
$$\begin{array}{r} 53 \\ +76 \\ \hline 129 \end{array}$$
❷
$$\begin{array}{r} 29 \\ +90 \\ \hline 119 \end{array}$$
❸
$$\begin{array}{r} 64 \\ +72 \\ \hline 136 \end{array}$$
❹
$$\begin{array}{r} 30 \\ +80 \\ \hline 110 \end{array}$$
❺
$$\begin{array}{r} 98 \\ +\ 7 \\ \hline 105 \end{array}$$
❻
$$\begin{array}{r} 89 \\ +48 \\ \hline 137 \end{array}$$

2 ❶ 103　❷ 800　❸ 899
❹ 465　❺ 351　❻ 930

3 ❶ 100　❷ 1000

★ ★ ★

1 ❶ 135　❷ 120　❸ 100
❹ 600　❺ 777　❻ 310

2 ❶ 142　❷ 100
❸ 101　❹ 1000
❺ 693　❻ 253

3 79＋24＝103
答え 103円
$$\begin{array}{r} 79 \\ +24 \\ \hline 103 \end{array}$$

13

27・28ページ

1 ❶ 62　❷ 70
❸ 63　❹ 300

2 ❶ 89　❷ 97　❸ 68
❹ 978　❺ 627　❻ 504

3 108－29＝79　答え 79本

★ ★ ★

1 ❶ 91　❷ 73　❸ 99
❹ 300　❺ 673　❻ 600

2 ❶ 78　❷ 91　❸ 25
❹ 18　❺ 303　❻ 729

3 284－48＝236
答え 236まい
$$\begin{array}{r} 284 \\ -\ 48 \\ \hline 236 \end{array}$$

14

29・30ページ

1 ❶ 5dL　❷ 1L6dL

2 ❶ 20　❷ 57
❸ 8、6　❹ 7

3 ❶ 9　❷ 5、4　❸ 3、3
❹ 5　❺ 6、1

★ ★ ★

1 ❶ 1L2dL　❷ 2L5dL

2 ❶ 300　❷ 4、9

3 ❶ ＝　❷ ＜　❸ ＞

4 ❶ 5、3　❷ 5
❸ 6、3　❹ 4、3

15

31・32ページ

1 ㋐、㋑、㋔に ○

2 ❶ へん　❷ ちょう点
❸ 三角　❹ 四角

3 ❶ 【れい】　❷ 【れい】

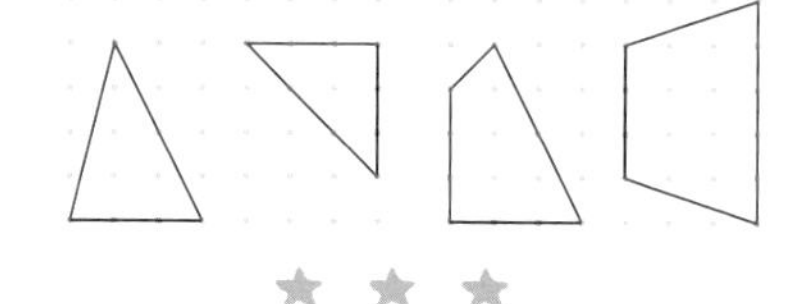

★ ★ ★

1 ❶ ㋐、㋗、㋙
❷ ㋑、㋒、㋘、㋚
❸ ㋓、㋔、㋕、㋖

2 ❶ 三角形　❷ 三角形、1
❸ 四角形、2

16 33・34ページ

1 ㋐、㋕

2 ❶ 直角、へん ❷ 直角三角形

3 ❶ ㋕、㋘ ❷ ㋐、㋙

❸ ㋔、㋖

★ ★ ★

1 ❶

【れい】

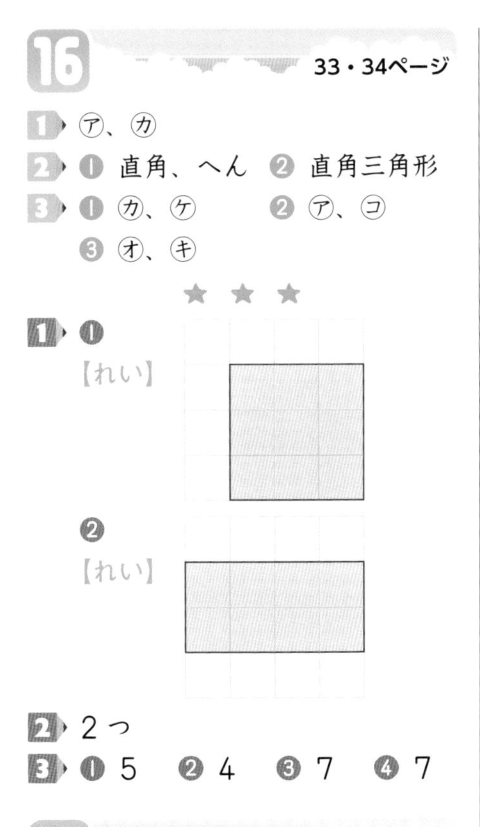

❷

【れい】

2 2つ

3 ❶ 5 ❷ 4 ❸ 7 ❹ 7

17 35・36ページ

1 ❶ 2人(ずつ)

❷㋐ 6人 ㋑ 10人

❸ [2]×[6]=[12] [12]人

2 ❶ [2]×[3]=[6] [6]こ

❷ [4]×[3]=[12] [12]こ

❸ [6]×[3]=[18] [18]こ

★ ★ ★

1 ㋑

2 ❶ 4、20

❷ 7、7、7、21

3 ❶ 3ばい ❷ 18cm

18 37・38ページ

1 ❶ 5×2=[10]

❷ 5×[3]=[15]

❸ [5]×[4]=[20]

2 ❶ 2×[3]=[6] 答え 6こ

❷ 2×4=8 答え 8こ

3 ❶ 30 ❷ 10

❸ 45 ❹ 14

★ ★ ★

1 (つぎのように むすぶ。)

❶―㋒ ❷―㋓

❸―㋑ ❹―㋐

2 2×9=18 答え 18こ

3 ❶ 5×3=15 答え 15こ

❷ 5×8=40 答え 40こ

19 39・40ページ

1 ❶ 3×6=[18] [18]人

❷㋐ 3×7=[21] [21]人

㋑ 3×[8]=[24] [24]人

㋒ [3]×[9]=[27] [27]人

❸ 3人

2 ❶ 4 ❷ 12 ❸ 28 ❹ 20

❺ 36 ❻ 8

★ ★ ★

1 ❶ 3 ❷ 4

2 (つぎのように むすぶ。)

❶―㋒ ❷―㋓

❸―㋑ ❹―㋐

3 3×3=9 答え 9cm

4 4×6=24 答え 24ページ

20 41・42ページ

1 ① 42 ② 18 ③ 12
④ 24 ⑤ 30 ⑥ 54
⑦ 6 ⑧ 48

2 ① 6 ② 3×6

3 ① 28 ② 63 ③ 35 ④ 49
⑤ 21 ⑥ 42 ⑦ 14 ⑧ 56

★ ★ ★

1 ❶ 42 ❷ 2 ❸ 42
❹ 6 ❺ 42

2 ❶ 6 ❷ 7

3 6×4=24 答え 24人

21 43・44ページ

1 ① 24 ② 16 ③ 40
④ 48 ⑤ 8 ⑥ 32
⑦ 64 ⑧ 72

2 ① 1×3=3 答え 3円
② 1×8=8 答え 8cm

3 ① 18 ② 45 ③ 63 ④ 36
⑤ 81 ⑥ 27

★ ★ ★

1 ❶ 8 ❷ 9

2 ❶ 8×4=32 答え 32円
❷ 8×7=56 答え 56円

3 2+9=11 答え 11まい

4 9×8=72 答え 72こ

てびき **3** **4** 問題文をよく読んで式を作りましょう。

22 45・46ページ

1 ① 7 ② 7×9
③ 2×9、3×6、6×3、9×2
④ 7のだん

2 4×9=36 4×5=20
36+20=56 答え 56

★ ★ ★

1 (つぎのように むすぶ。)
❶—㋑ ❷—㋓
❸—㋐ ❹—㋒

2 ❶ ㋓ ❷ 12cm

3 【れい】
2×5=10 2×3=6
10+6=16 答え 16こ

てびき **2** ❷ ㋒のテープは㋐のテープの3倍なので、4×3=12 より、12cmです。

3 「4×3=12 2×2=4 12+4=16」や、「4×5=20 2×2=4 20−4=16」などとしてもよいです。

23 47・48ページ

1 ㋑

2 ① $\frac{1}{4}$ ② 4つ分

3 【れい】
①
②

★ ★ ★

1 ❶ ㋒ ❷ 2 ❸ ㋑ ❹ ㋓

2 ❶ 2 ❷ 3 ❸ 4

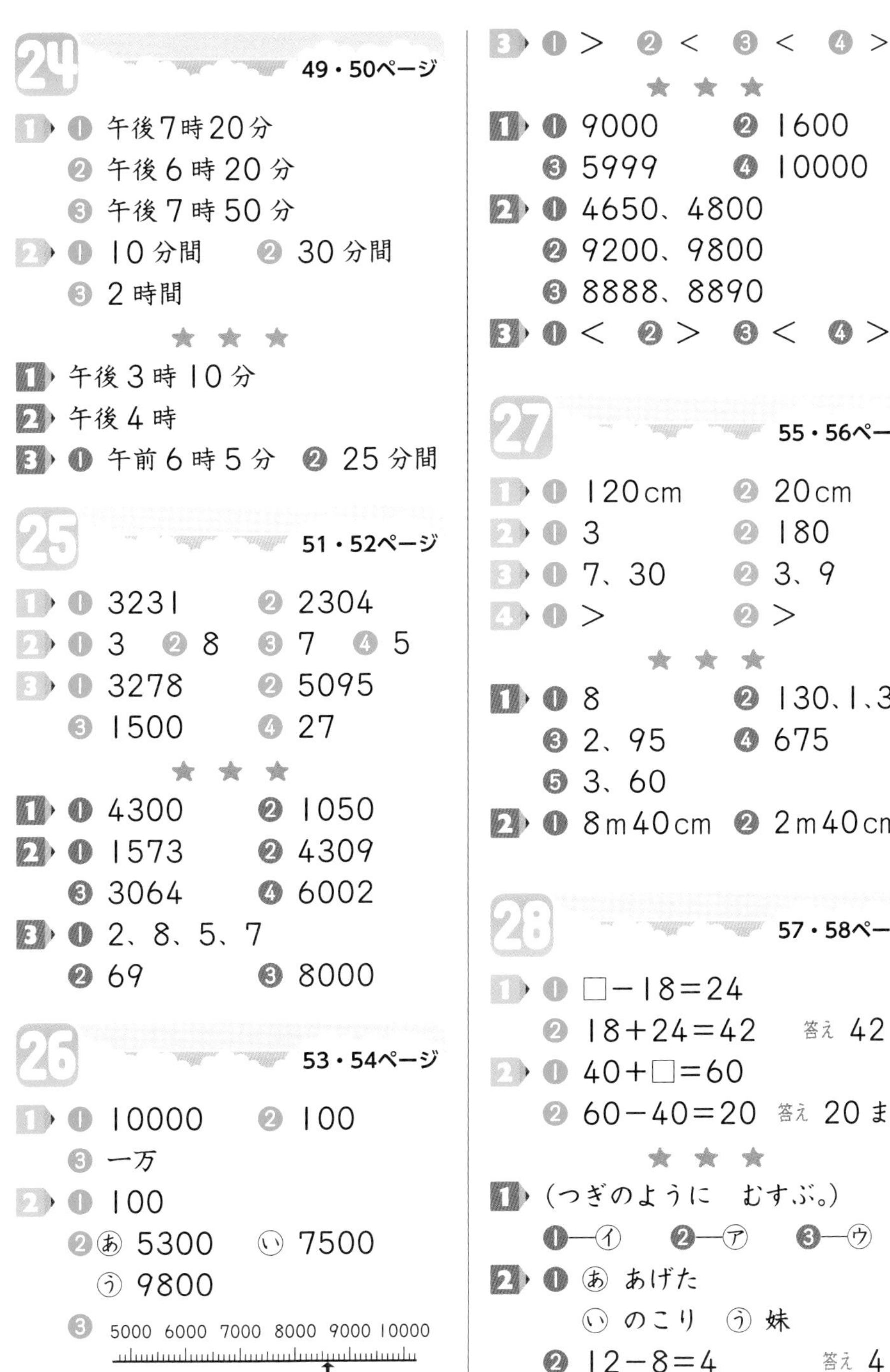

24 49・50ページ

1 ① 午後7時20分
② 午後6時20分
③ 午後7時50分

2 ① 10分間　② 30分間
③ 2時間

★ ★ ★

1 午後3時10分

2 午後4時

3 ① 午前6時5分　② 25分間

25 51・52ページ

1 ① 3231　② 2304

2 ① 3　② 8　③ 7　④ 5

3 ① 3278　② 5095
③ 1500　④ 27

★ ★ ★

1 ① 4300　② 1050

2 ① 1573　② 4309
③ 3064　④ 6002

3 ① 2、8、5、7
② 69　③ 8000

26 53・54ページ

1 ① 10000　② 100
③ 一万

2 ① 100
② ㋐ 5300　㋑ 7500
㋒ 9800
③ 5000 6000 7000 8000 9000 10000

3 ① >　② <　③ <　④ >

★ ★ ★

1 ① 9000　② 1600
③ 5999　④ 10000

2 ① 4650、4800
② 9200、9800
③ 8888、8890

3 ① <　② >　③ <　④ >

27 55・56ページ

1 ① 120cm　② 20cm

2 ① 3　② 180

3 ① 7、30　② 3、9

4 ① >　② >

★ ★ ★

1 ① 8　② 130、1、30
③ 2、95　④ 675
⑤ 3、60

2 ① 8m40cm　② 2m40cm

28 57・58ページ

1 ① □－18＝24
② 18＋24＝42　答え 42こ

2 ① 40＋□＝60
② 60－40＝20　答え 20まい

★ ★ ★

1 (つぎのように　むすぶ。)
①—㋑　②—㋐　③—㋒

2 ① ㋐ あげた
㋑ のこり　㋒ 妹
② 12－8＝4　答え 4本

29　59・60ページ

1 ❶ すきな きせつ

きせつ	春	夏	秋	冬
人数(人)	3	9	2	6

❷ すきな きせつ

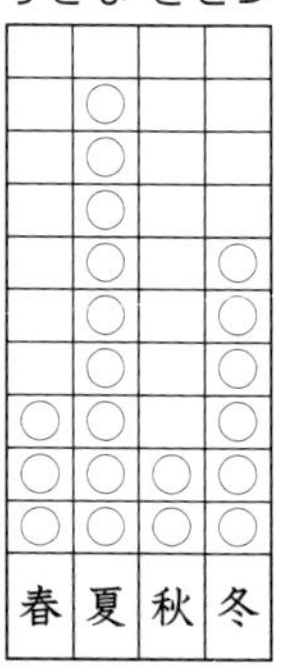

❸ 夏が 3人 多い。

★ ★ ★

1 ❶ おとしものしらべ

おとしもの	ハンカチ	ティッシュ	えんぴつ	けしゴム	じょうぎ
こ数(こ)	6	3	10	4	1

❷ おとしものしらべ

○				
○				
○				
○				
○	○			
○	○			
○	○	○		
○	○	○	○	
○	○	○	○	
○	○	○	○	○
えんぴつ	ハンカチ	けしゴム	ティッシュ	じょうぎ

❸ けしゴム、4こ

30　61・62ページ

1 ❶ 6こ　❷ 長方形　❸ 1こ

2 ㋑

3 ❶ 8こ　❷ 4本

★ ★ ★

1 ❶ 2こ　❷ 4本
❸ 8本　❹ 8こ

2 ㋐

31　63ページ

1 ❶ 5080　❷ 290
❸ 10000

2 ❶ 75　❷ 153　❸ 103
❹ 24　❺ 8　❻ 85

3 ❶ 4m80cm　❷ 5m20cm

4 ❶ 30　❷ 21　❸ 32
❹ 40　❺ 56　❻ 18

てびき **2**

❶ $\begin{array}{r} 27 \\ +48 \\ \hline 75 \end{array}$　❷ $\begin{array}{r} 68 \\ +85 \\ \hline 153 \end{array}$　❸ $\begin{array}{r} 76 \\ +27 \\ \hline 103 \end{array}$

❹ $\begin{array}{r} 91 \\ -67 \\ \hline 24 \end{array}$　❺ $\begin{array}{r} 105 \\ -\ 97 \\ \hline 8 \end{array}$　❻ $\begin{array}{r} 162 \\ -\ 77 \\ \hline 85 \end{array}$

32　64ページ

1 ❶ 120　❷ 81
❸ 7、4　❹ 900

2 ❶ ㋐　❷ ㋔、㋖　❸ ㋕、㋙

3 ❶ 2こ　❷ 4本

3 2 1 0 9 8 7 6 5 4
＊ ＊ D C B A